U0272811

中国古建筑修缮

律文秋 著

中国广播影视出版社

图书在版编目（CIP）数据

中国古建筑修缮 / 律文秋著 . —北京：中国广播
影视出版社，2022.10
ISBN 978-7-5043-8886-5

Ⅰ. ①中… Ⅱ. ①律… Ⅲ. ①古建筑—修缮加固—中
国 Ⅳ. ①TU746.3

中国版本图书馆 CIP 数据核字 (2022) 第 125185 号

中国古建筑修缮

律文秋　著

责任编辑： 任逸超
封面设计： 人文在线

出版发行： 中国广播影视出版社
电　　话： 010-86093580　010-86093583
社　　址： 北京市西城区真武庙二条 9 号
邮政编码： 100045
网　　址： www.crtp.com.cn
电子信箱： crtp8@sina.com

经　　销： 全国各地新华书店
印　　刷： 三河市龙大印装有限公司

开　　本： 710 毫米 ×1000 毫米　　1/16
字　　数： 212 千字
印　　张： 13.75
印　　次： 2022 年 10 月第 1 版　　2022 年 10 月第 1 次印刷

书　　号： ISBN 978-7-5043-8886-5
定　　价： 60.00 元

感谢本书的合作者、本书插图作者王淑华先生。

目 录
Contents

一、浅谈中国古建筑

中国古建筑

中国古建筑是人类历史的精华、文明的结晶，是东方建筑独具民族风格的建筑艺术品。

从世界建筑发展史来看，历史上曾有过七大建筑体系。其中有的已中断，或者流传不广泛，逐渐被人们淡忘，流传到现在的只有中国建筑、欧洲建筑和伊斯兰建筑，它们被称为世界三大建筑体系。其中，中国建筑和欧洲建筑生命力最强，分布最广，分别被称为东方建筑体系和西方建筑体系。

东方建筑体系是以中国为中心，扩展到朝鲜、韩国、日本、蒙古等东亚地区而形成的以中国为核心的东亚建筑风格。

中国的古建筑，是我们的祖先根据在长期的生活实践中逐渐积累的对付具有毁灭性的自然灾害的经验，而最终选择的木结构建筑。木材是一种质轻、力学性能又好的建筑材料，它有一定的柔性，在外力作用下，比较容易变形，但在一定程度上又有恢复变形的能力。建筑的木结构框架所有的结合点采用榫卯连接，其效果如同动物的骨骼关节，能在一定限度内伸缩和扭转，当地震来临时，建筑构架可通过自身的变形消化吸收地震力对建筑的破坏能量，从而在一定限度内保障了建筑的安全。

西方建筑体系，则采用耐久性较好的石材建造神庙、教堂，由于西方人对宗教信仰的狂热，祈望使永恒的神灵与永恒的建筑相统一。西方人认为，人生是短暂的，神灵是永恒的；人的面孔是慈祥的，神灵的面孔是冷漠的；木头是温暖的，石头是冰冷的。从这个意义上说，东方建筑是人本的，西方建筑则是神本的。东方建筑在诉说着"木头的历史"，可称为柔性结构特征；而西方建筑描写的则是"石头的历史"，相对可称为刚性结构特征。

随着时代的发展，人们在满足建筑物质需求的基础上，产生了超越意识，对建筑物有了美的追求。在 18 世纪，西方美学兴起的同时也产生了"建筑艺术"一词，逐渐演变为建筑既有物质性的一面，也有精神性的

一面。从此人类所使用的建筑物得到了升华，除功能性以外，还有艺术价值。杰出的建筑艺术品有着巨大的文化价值，且是其他艺术品不可替代的产物。

中国古建筑是在漫长的历史发展过程中逐渐形成和完善的。在原始农业时期，建筑随着人们的定居需要而产生，这应该追溯到新石器时期。根据中国建筑发展史的断代，可将商周时期定为建筑的萌芽和成长阶段；秦汉时期可谓建筑发展的第一个高峰；魏、晋、隋时期可谓建筑发展的成熟期；唐宋时期更为辉煌，是建筑发展的第二个高峰；明清时期可谓充实总结期，是中国建筑史上的第三个高峰期。

在第三个高峰期内，中国古建筑达到最终的成熟期，它继承了唐宋时期的优良建筑手法，同时，吸收了山西和江南地区的优秀手法，逐渐形成了整套成熟的建筑体系，形成了轻易不可改变的模式：无论是建筑的总体布局还是单体建筑，其体量大小、尺寸权衡、结构形式、装修做法、操作工艺、油漆彩画均有一套固定的模式。雍正十二年（1734），工部颁布了《工程做法则例》，它严格规定了建筑风格、营造方式及制度等级，尤其是官式建筑定型化。到此，中国的古建筑发展也到了终结期。今后的任务则是保护与传承古建筑文化艺术了。

中国古建筑是我国古老文化最直观、最突出的标志，全面深刻地反映了我国古代的思想哲理、民族意识、社会制度、文化艺术、科学技术以及军事、政治、宗教、阶级关系、生活习俗等。中国古建筑不是单体存在的，而是群体建筑坐落于整体规划、园林设计之中，如北京城的官式建筑，其整体规划是按照《周礼·考工记》的天地阴阳之道布局，以"万法不离中"的中轴线原则，坐北朝南有序贯穿，按照"左主天道，右主地道，左为阳，右为阴，前为阳，后为阴"的理念，依"左祖右社，左有日坛，右有月坛，南有天坛，北有地坛"的对称呼应原则而建的。北京城的建筑，早在20世纪40年代初就得到了中外建筑史上的最高评价，是具有世界意义的经典艺术作品。

北京城是一个中国古代城市规划保存完好的杰作，它外有城墙门楼，内有街巷牌楼、宫殿王府、坛庙寺观及园林景观。这些园林、古建筑是全人类的财富，是人类的文化遗产。然而，经过历史的变迁，北京城的面貌残缺了。

近现代西方科学技术的突飞猛进及钢筋混凝土结构的出现急剧地改变着世界各国古老传统的建筑面貌，近百年来也给我国的建筑带来了巨大的影响，已经延续了几千年的以大木结构为主体、砖瓦石土为辅的中国传统建筑不得不停缓下来。为了城市的建设，大量的新型建筑在古城内开始建造，原有的古建筑要给现代建筑让路，大量的古建筑化为乌有，仅北京就相继拆除了中华门及其两侧的千步廊、长安左门、长安右门、东西三座门、东单牌楼、西单牌楼、东四牌楼、西四牌楼、前门的五牌楼。

由于生产力的发展，人们的物质精神文化生活的需求、生活习俗的改变引起了建筑形式结构与功能的巨大变化，尤其是在城市，新型的近现代建筑不可阻挡地大量涌现，率先刷新了城市面貌，同时，也无可挽回地较大地损坏了古都、古城、古文化的风貌。这种损坏原本是可以避免的或可减轻的，问题在于我国曾在一定时期内对古建筑文化持有否定态度，批判复古主义，把对古建筑的研究、继承、发展的积极性也批掉了。"文化大革命"期间，破"四旧"把传统的文化精华也破掉了，把古建筑也当作封建一起反掉了，造成了对传统文化的重大破坏，给历史文化名城造成了不可挽回的巨大损失。

随着时代的发展，历史的变迁，人们对建筑遗产的保护及城市规划的意识提高了，能够认真研究、借鉴、学习、运用西方国家对文化建筑的保护经验和保护意识。研究中发现西方国家自18世纪就有了文化保护意识，其保护范围很广，包括城市原貌、乡村土坡、果园。例如，19世纪中期维也纳修建环形道路，没有破坏普鲁士城，而是在城外扩展城市，至今内城保护完好。又如，第二次世界大战后的联邦德国一片废墟，急需建房，经济也是从零开始，重新规划时，本着保留原始的自然城市原貌的理念，进行历史性的修复兴建，依据残迹恢复原建筑的风貌，按照规划体系兴建，保留历史空间，街道宽度、建筑高度按原样重新构建。

自此，国人从学习西方建筑遗产的保护、城市规划意识，逐渐转变为开始寻找自己的建筑遗产保护和建筑发展，理清城市规划的思路，越来越有目的地、自觉地去推动和发扬带有自身特点的民族建筑文化。建筑师们也在努力从受国际建筑思想影响而造成的建筑文化的单调贫困中摆脱出来，认真去研究中国民族特色的建筑理念。在建筑变异思想的基础上，中国古建筑又受到了世人的喜爱，再次走向人们的生活，并将成为世界建筑创作的主流思潮。

中国是世界上地域辽阔、历史悠久、文化传统不曾中断的多民族统一国家。中国古建筑是我们祖先留下来的建筑文化遗产，大量的文物古迹形象地记载着中华民族形成发展的进程，是历史的见证，我们有义务将它传承下去，不能在我们这一代割断历史，抛弃古建筑文化遗产。

为了文化保护事业，我国政府于 1982 年由全国人民代表大会公布《中华人民共和国文物保护法》，1985 年批准加入《保护世界文化和自然遗产公约》，并参照以 1964 年的《国际古迹保护与修复宪章》为代表的国际原则，制定了《中国文物古迹保护准则》。这一准则起到了在中国文物保护法规体系的框架下对文物古迹保护工作进行指导的作用，同时可以作为处理有关文物古迹事务时的专业依据。

在以后的几十年里，中国在文物保护方面做了大量的工作，有效地保护了一大批濒临毁灭的文物古迹，并积累了丰富的文化保护管理经验，初步形成了符合中国国情的文物保护理论和指导原则，建立了文保体制、法律体系及管理方式。

自从加入《保护世界文化和自然遗产公约》以来，我国共有 31 处文物古迹和自然遗产列入《世界遗产名录》，其中建筑文物遗产 21 处。到 2006年底，我国已公布了 6 批全国重点文物保护单位，约 2300 余处，国家级历史文化名城 103 座。为此，国务院还下发通知，决定从 2006 年起，每年 6月的第二个周六为我国的"文化遗产日"，主题为"保护文化遗产，守护精神家园"。从此，我国文化遗产的保护进入了历史新阶段。

二、中国古建筑专业技术基础

中国古建筑

中国古建筑

随着时代的发展、历史的变迁，人们对建筑遗产的保护意识不断提高，开始寻找自己的古建筑保护和发展的道路，越来越自觉地、有目的地去推动和发展带有自身特色的民族建筑文化和建筑理念。但我国在古建筑保护、发展、创新过程中还缺乏规范化施工的技术标准及现代施工管理经验，为此，中国民族建筑研究会在专家团队的帮助下编写了《中国古建筑营造技术导则》。它规范了古建筑施工工艺、技术标准，有利于推广施工技术成果和引导创新施工发展方向。

为了更好地保护中国古建筑，传承匠人技艺，依据导则内容和施工经验，将古建筑施工技术要点以文配图的方式展示给从事古建筑施工管理的人员。

（一）术语

1. 包灰

包灰是指加工干摆、丝缝墙和细墁地面用砖时，为使砖缝细小，将砖的后口多砍掉的部分。（见图1）

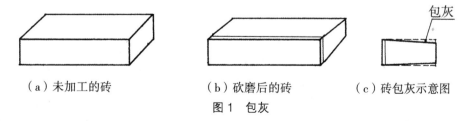

（a）未加工的砖　　　　　（b）砍磨后的砖　　　　　（c）砖包灰示意图

图1　包灰

2. 上小摆

上小摆是砖加工时检查砖的厚度是否符合要求的方法。任意抽取五块

城砖或十块小砖，叠成一摞，尺量总厚度是否符合要求。（见图2）

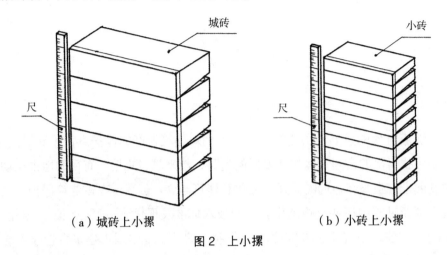

（a）城砖上小摆 （b）小砖上小摆

图2 上小摆

3. 收分

收分指古建筑的墙体下宽上窄，逐渐收进的做法。（见图3）

4. 干摆墙

干摆是指砖料表面经过细加工后，砖侧面呈楔形，摆砌时砖下不垫灰，内部垫平后灌浆、表面不露灰缝的墙面做法。（见图4）

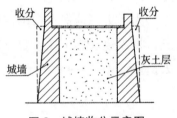

图3 城墙收分示意图

5. 丝缝墙

丝缝墙也称"撕缝墙""缝子墙"。丝缝砖料表面经过细加工之后，砌侧面呈楔形，外侧用老浆灰砌筑，内部灌浆，砖缝细窄，灰缝呈灰黑色的墙面做法。（见图5）

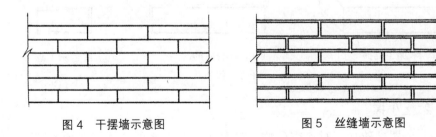

图4 干摆墙示意图 图5 丝缝墙示意图

6. 淌白墙

淌白墙可分为细淌白和糙淌白两种，它们是以砖加工的程度来区别的。

细淌白，又叫淌白截头，砖加工时只砍磨一个面，然后按制子截头，但不砍包灰。

糙淌白，又叫淌白拉面，砖加工时只砍磨一个面，但不截头，不砍包灰。

砌筑淌白墙时有三种做法：

第一种是仿丝缝做法，叫淌白缝子，有丝缝墙的效果。砖加工为淌白截头。（见图6）

第二种是普通淌白，既可使用细淌白也可使用糙淌白（见图6），其灰缝可灰砖灰缝，也可灰砖白缝。

第三种是淌白描缝（黑缝），即用烟子浆描黑，做法同普通淌白。（见图6）

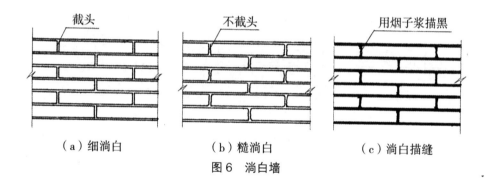

（a）细淌白　　　　　　（b）糙淌白　　　　　　（c）淌白描缝

图6　淌白墙

7. 糙砖墙

糙砖墙指砖料不经砍磨加工，用月白灰或白灰砌筑的墙面做法。（见图7）

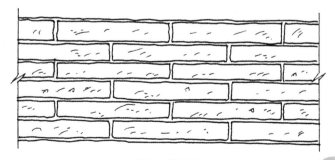

图7　糙砖墙

8. 调脊

调脊也称挑脊，是指屋面施工中的屋脊构件的安装，即屋脊的砌筑过程。（见图8）

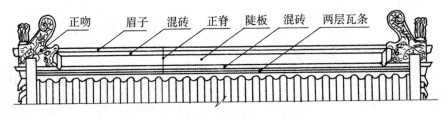

正吻　眉子　混砖　正脊　陡板　混砖　两层瓦条

图8　调脊构件安装示意图

9. 台明

台明是指古建筑台基中，露出地面的部分。（见图9）

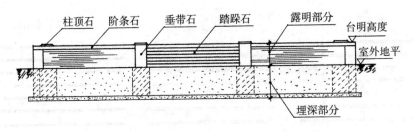

柱顶石　阶条石　垂带石　踏跺石　露明部分　台明高度　室外地平　埋深部分

图9　台明示意图

10. 剁斧

剁斧是指用斧子把石料表面剁平并显露出直顺匀密的斧迹的加工方法，又称"占斧"，是一种比较讲究的做法，多用于官式建筑中。

传统的石料是人工开凿撇錾的，石面坑洼不平，需要剁斧2~3遍。第一遍剁斧主要是找平，最后一遍斧是找细。

现代的石料是机械开石料的，表面平整光滑，可不按传统做法剁斧，但最终的技术要求是一致的。

石料剁出的斧迹应轻细、直顺、匀密，深浅基本一致，不留錾点、錾影及砂轮锯片切割痕迹；刮边宽度一致。（见图10）

11. 刷道

刷道又称打道，是指用锤子和尖錾子把石料表面打平并显露出直顺均匀的錾道的加工方法。

严格地说，刷道是指打细道，创道是指打糙道。

粗、细道是由打道的密度决定的，传统打道标准是，在一寸的范围内打三道叫作"一寸三"，打五道叫"一寸五"，打六道叫"一寸六"，最多可打"十一道"。

通常情况下，一至五道为糙道做法，多用于道路铺石，起防滑作用；七至九道属于细道做法，多用于挑檐石、阶条石、腰线石的侧面；十一道的做法则属于高档、讲究的打道，多用于须弥座、陈设座。

打道的基本要求，深浅一致，宽窄一致，道迹直顺，不断道。

打道的方向应与条石方向垂直。当然也有打斜道、人字道、菱形道的。（见图 11）

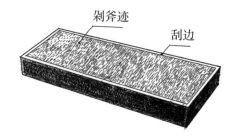

图 10　石料剁斧迹示意图

图 11　石材刷道示意图

12. 砸花锤

锤底带有网格状尖棱的锤子称为花锤，砸花锤指用花锤把石料表面砸平整的加工方法。

经砸花锤的石料大多用于铺墁地面。（见图 12）

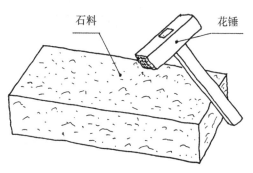

图 12　砸花锤示意图

13. 扁光

扁光指用锤子和扁錾子将石料表面打平剔光的加工方法。经扁光的石料表面平整光顺，没有斧迹凿痕。（见图 13）

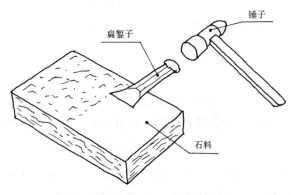

图 13　石料扁光示意图

14. 大木

大木指木结构古建筑的主体受力结构部分，主要包括柱子和屋架构件。（见图 14）

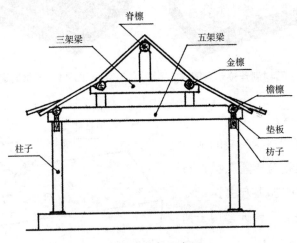

图 14　大木构架示意图

大木制作的一些线形符号：

水平线	垂直线	十字线	六角线	八角线	中号

透眼	半眼	等号线	截线	升线	对线（正确）

15. 斗拱

斗拱由分组（攒）放置在殿宇建筑梁架上的，若干按规制做成的曲翘短木相互纵横交错组成。位于柱上的称柱头科斗拱，位于柱间的称平身科斗拱，位于转角位置的称角科斗拱。斗拱有增加建筑高度及出檐、撑托木构件以及装饰等作用。（见图15）

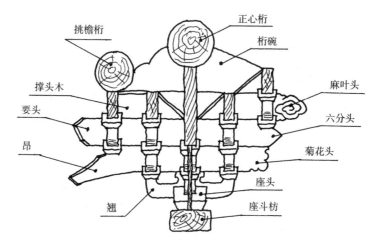

图 15　单翘单昂五踩斗拱剖面

16. 丈杆

丈杆是木构架制作和安装的木制传统度量工具，分为总丈杆和分丈杆。总丈杆用于制作、验核分丈杆，分杖杆用于制作和安装各类构件。

丈杆规格：总丈杆，反映面宽、进深、柱尚，4厘米×6厘米；分丈杆，反映具体构件部位的尺寸，3厘米×4厘米。

丈杆的长度不统一，依建筑尺寸所需而定。（见图16）

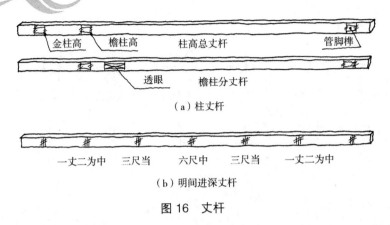

（a）柱丈杆

一丈二为中　　三尺当　　六尺中　　三尺当　　一丈二为中

（b）明间进深丈杆

图 16　丈杆

17. 柱升线

柱升线是檐柱上用于控制柱子倾斜度的墨线。其上端与柱中线重合，下端与柱中线分开。大木立架（安装）时，吊正柱升线，柱中线即向内倾斜。（见图17）

柱子向内倾斜叫升，平地升小，高处升大，一丈柱高向室内倾斜七分至一寸。

升分为收升和掰升。

收升：基础一丈，上边九尺九寸二分，平面小于基础。

掰升：上边一丈，基础一丈八分，基础大于平面。

18. 槛框

槛框是古建筑木装修构件中横槛与立框的总称，用作安装门窗、花罩等的框口。

古建筑的门窗都是安装在槛框里面的。水平方向的构件为槛，垂直方向的构件为框。

槛：又分上槛、中槛、下槛。

框：又分抱框、门框。

在中槛与上槛中间还有短抱框。（见图18）

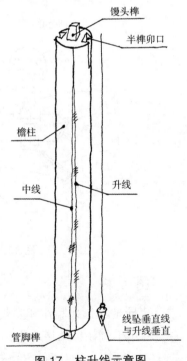

图 17　柱升线示意图

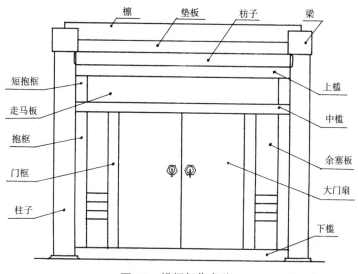

图 18　槛框部位名称

19. 上架大木、下架大木

上架大木是油漆彩画专业对地仗做法相同，且区分油漆与彩画分界的木结构各部位名称的归类，主要包括各类梁、檩、垫板、额枋（檩枋）、垂柱等构件。

下架大木是油漆彩画专业对地仗做法相同的木结构各部位名称的归类，主要包括各类柱子、边框、余塞板、窗榻板、各种大门、板墙、坐凳面等。（见图 19）

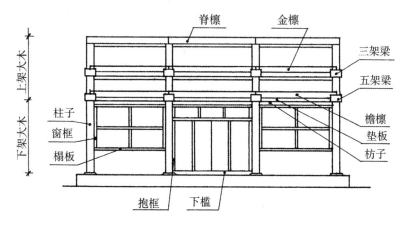

图 19　木构架建筑上、下架大木分界示意图

20. 花活

花活是油漆彩画专业对花板、挂落、花罩、花牙子等木构件上的雕刻面（雕龙藻井及雀替除外）的总称。（见图 20）

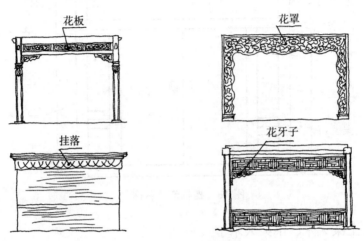

图 20　花活示意图

21. 地仗

地仗是在木构件上做油漆彩画之前，用砖灰、血料和油满构成的灰壳基底的统称，分夹有麻布与不夹麻布两类。（见图 21）

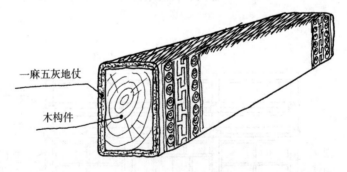

图 21　地仗示意图

22. 油满

油满是配制地仗的胶凝材料之一，用灰油、生石灰水和白面调制而成。

油满的调制方法：将生石灰块放入器皿加水后沸腾，过箩清除灰渣，

形成石灰水，倒入面粉打成的稀汤经搅拌形成糊状，再加入灰油即成油满。（见图22）

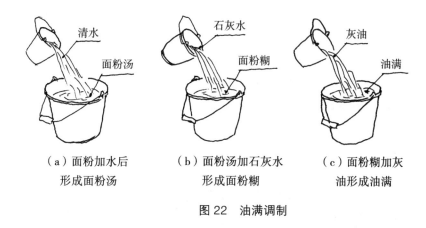

（a）面粉加水后　　　（b）面粉汤加石灰水　　　（c）面粉糊加灰
形成面粉汤　　　　　　形成面粉糊　　　　　　油形成油满

图22　油满调制

23. 灰油

灰油是配制油满的主要材料之一，用生桐油加少量土籽面和樟丹加火熬炼而成。

从桐树中榨出的油为生桐油，油质透明，略带黄色，其特点是不易老化、干燥慢、亮度差；土籽是一种矿物质，呈颗粒状，可碾成粉、红褐色，是一种催干剂；樟丹是一种矿物质原料，也是彩画所使用的一种颜料。（见图23）

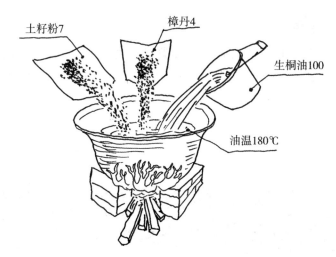

图23　灰油熬制示意图

24. 光油

光油是用天然材料制成的中国传统油饰用油。光油以生桐油为主熬制而成，根据加工方法和用途的不同，可分为灰光油、颜料光油、罩面光油和金胶油。

熟桐油的熬制，也称熬炼光油，熬制方法如下：

第一步，先用少量的生桐油将土籽炸透，然后倒入熬桐油的锅内。

第二步，将生桐油、苏子油和炸透的土籽共同熬制，出锅后加入黄丹粉（一种矿物质原料）即成为熟桐油。（见图24）

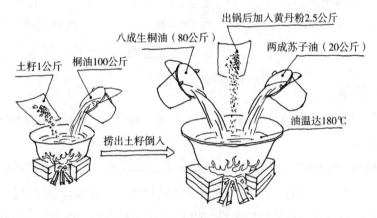

图 24　熟桐油熬制示意图

25. 旋子彩画

旋子彩画是清代官式彩画的一种类型，主体花纹的线型以旋花为主是其主要特征。其根据工艺做法和贴金部位的不同可有多种做法，如金琢墨石碾玉、金线大点金、雅伍墨等。旋子彩画主要用作装饰寺庙、官府等殿堂建筑。（见图25）

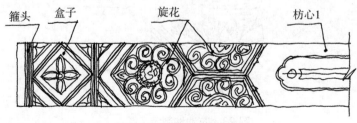

图 25　旋子彩画示意图

26. 和玺彩画

和玺彩画是清代官式彩画的一种类型，主体框架大线边端呈∑形。其根据画题的不同可有多种做法，如龙和玺、龙凤和玺、龙草和玺等。和玺彩画主要用作装饰皇家殿堂建筑。（见图26）

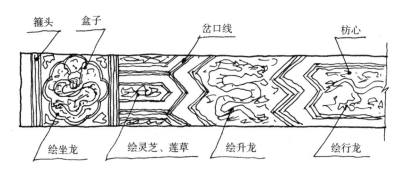

图 26　和玺彩画示意图

27. 苏式彩画

苏式彩画是清代官式彩画的一种类型，构图形式多样，纹饰题材内容广泛，装饰效果贴近生活，主要用于园林建筑和民居。

苏式彩画原是江南水乡苏州地区的民间彩画，传到北方后经演变已官式化，很难再找到苏州民间彩画的味道，只是沿用其名，而称为苏式彩画。（见图27）

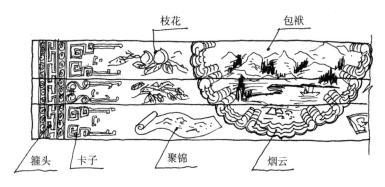

图 27　苏式彩画示意图

（二）瓦石作工艺

1.砖料加工

（1）砍磨干摆墙用砖的工艺流程（以顺砖为例）

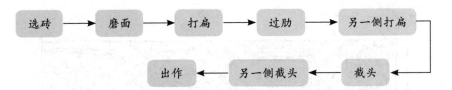

选砖 → 磨面 → 打扁 → 过肋 → 另一侧打扁

出作 ← 另一侧截头 ← 截头 ←

①打扁——用平尺和钉子顺条的方向在面的一侧画出一道直线，凿去多余的部分，即打扁。（见图28）

②过肋——在打扁的基础上，用斧子进一步劈砍，即过肋。此时砖后口要留出包灰。（见图29）

③转头砖——在砌筑墀头时，墙体拐弯，其砖可见一个面和一个头，即为转头砖。（见图30）

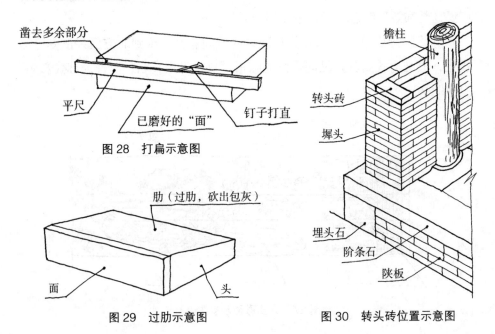

凿去多余部分

平尺

已磨好的"面"

钉子打直

图28　打扁示意图

肋（过肋，砍出包灰）

面　头

图29　过肋示意图

檐柱

转头砖

墀头

埋头石

阶条石

陕板

图30　转头砖位置示意图

④膀子面。

膀子面是砖加工的方法，同五扒皮砍磨程序，不同的是，肋与面成90°直角，不砍包灰，另一个肋砍出包灰。（见图31）

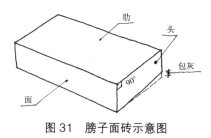

图31　膀子面砖示意图

2.砌筑

（1）砌筑干摆墙的工艺流程

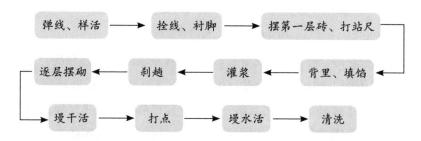

①在建筑的基础平面上用墨线弹出墙体的厚度、长度的位置线，如采用三顺一丁的排砖方式，则应进行试摆，叫作样活。（见图32）

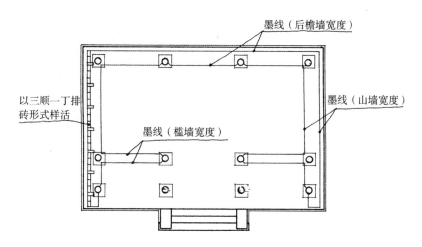

图32　在建筑基础上弹线、样活示意图

②拴线、衬脚。

在准备砌筑的一段墙的两端拴两道立线，叫作"拽线"；再拴两道横线，下面的叫"卧线"，上面的叫"罩线"（打站尺后拿掉）。砌第一层砖

时，用麻刀灰找平、抹平，叫衬脚。（见图33）

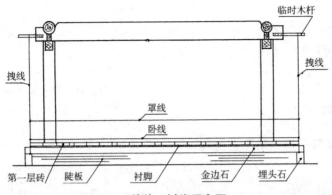

图33　拴线、衬脚示意图

③摆第一层砖，打站尺。抹好衬脚后，摆砌背撒，而后逐块砖打站尺。

将平尺板的下端以墨线为准，中间以卧线为准，上端以罩线为准，检查砖的上棱、下棱是否贴近平尺板，不允许顶尺或未贴近平尺板，如有不垂直平正的要用石撒进行纠正，以保证每块砖、每层砖的摆砌质量。

打站尺的目的是要求每块砖的"面"都要垂直。打站尺可以多打几层，有了良好的基础后，可以取消罩线，不必打站尺。（见图34）

④背里、填馅。

墙体砌筑，分里外皮儿砖，外皮用加工后的五扒皮砖，或干摆或丝缝，里皮则可用糙砖砌筑，也叫背里。里外皮儿中间的缝隙先打上掺灰泥，再用糙

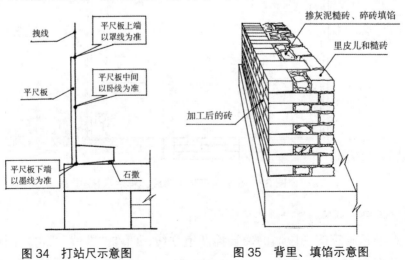

图34　打站尺示意图　　图35　背里、填馅示意图

砖、碎砖填充，叫填馅。（见图35）

⑤灌浆。

干摆墙、丝缝墙摆砌好后，用调制好的灰浆（桃花浆）分三次灌浆，灌满砖缝。而后再用麻刀灰将灌过浆的地方抹好，即锁口。（见图36）

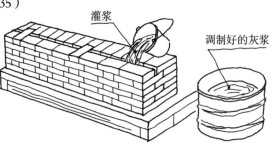

图36 灌浆示意图

⑥剎趟。

每完成一层砖的砌筑，都要用磨头将砖的上楞通磨一遍，以保证下一层砖的砌筑质量。

将高出的部分磨平，即剎趟。（见图37）

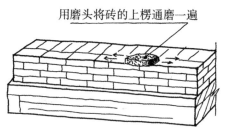

图37 剎趟示意图

⑦墁干活。

用磨头将砖与砖接缝处（墙面）高出的部分磨平。（见图38）

⑧打点。

加工后的砖还会有一些砂眼或气泡，甚至在摆砌过程中还有一些磕碰缺陷。

按程序要打点，即用砖面灰加适量胶水调匀后，用工具将砖的残缺部分和砖上的砂眼填平。（见图39）

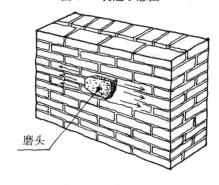

图38 墁干活示意图

⑨墁水活。

墁水活，即用磨头沾水把整个墙面揉磨一遍。现多用桶装满水，挂于高处，再用微细塑料管利用虹吸原理，将水漫于墙面，同时用磨

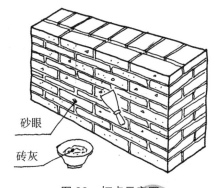

图39 打点示意图

头（碎砂轮片）轻揉墙面，直到没有缺陷为止。（见图 40）

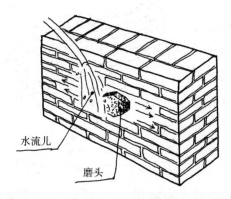

图 40　墁水活示意图

（2）砌丝缝墙的工艺流程

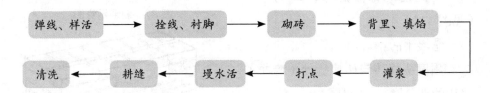

①丝缝。

丝缝与干摆的砌筑有许多共同之处，所不同的是灰缝为 3 毫米～4 毫米，砌筑时砖外棱、顶头缝要打灰条，砖后尾要打"爪子灰"，摆砌好后再灌浆。（见图 41）

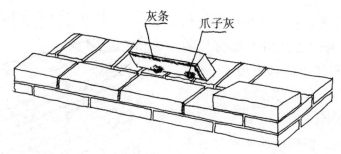

图 41　砌丝缝墙打灰条、爪子灰示意图

②耕缝。

耕缝安排在墁水活、冲水之后进行，用平尺板对齐灰缝贴在墙上，用

溜子（竹片）顺尺板在灰缝上耕出缝子来。（见图42）

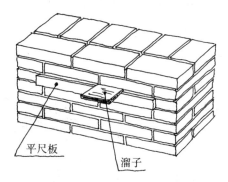

平尺板

溜子

图42 丝缝墙耕缝示意图

3. 异形砖砌体

（1）砌冰盘檐工艺流程

挂线、样活 → 逐层砌筑 → 灌浆 → 苫小背 → 打点

冰盘檐是一种常见的建筑物局部处理方法，多用于封后檐建筑、平台房、影壁、砖门楼、院墙等。

冰盘檐由直檐、半混、炉口、枭和盖板组成。

其檐出做法以方出方入为宜，即冰盘檐的总出檐尺寸接近冰盘檐砖层的总厚度。

头层檐（直檐）为1/2砖厚，枭砖尽量多出，并与炉口、混砖自然过渡，

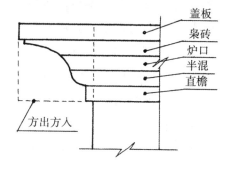

盖板

枭砖

炉口

半混

直檐

方出方入

图43 五层做法冰盘檐

盖板砖以少出为宜，目的是保证檐子不出现下垂现象。盖板砖多用大方砖，盖板的后口要抹大麻刀灰，即"苫小背"，以防止雨水渗漏。（见图43）

（2）砌砖梢子工艺流程

确定各层出檐尺寸 → 确定荷叶墩高度位置 → 逐层砌筑 → 点砌腮帮 → 打点

梢子，又叫盘头，是墀头出挑的部分，总出挑尺寸又称天井。六层盘头是由荷叶墩、半混、炉口、枭砖、头层檐、二层檐组成的。（见图44）

①确定各层出檐尺寸，荷叶墩出檐尺寸：1.5寸（4.8厘米），半混出檐尺寸：0.8~1.25砖本身厚，枭砖出檐尺寸：1.3~1.5砖本身厚，炉口出檐尺寸：2厘米（以混砖与枭砖自然过渡为宜）。两层檐共出1/3砖厚。

②确定荷叶墩高度位置。按施工顺序，是从下往上逐层砌筑，但是要确定荷叶墩的位置，要从上往下计算。

先要计算出砖博缝的尺寸。博缝高度为1~2份檩径，也可稍小于墀头的宽度，如墀头宽1.6尺，博缝可定为1.4尺。博缝头落在二层檐上，即与戗檐一平。自此再加上六层盘头的尺寸（取决于砖厚、丝缝做法还是干摆做法），即为荷叶墩的高度位置。

③点砌腮帮。

墀头内侧，枭砖以上部分叫腮帮，砌筑过程叫点砌腮帮。

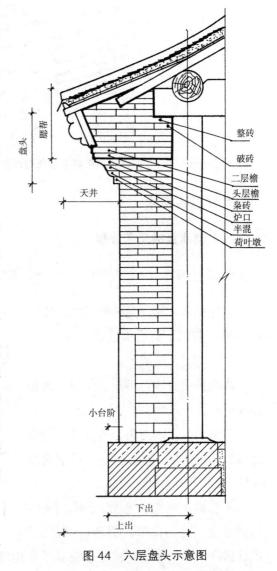

图44　六层盘头示意图

腮帮用砖要重新确定，以柁头的长短为标准，截制两种砖：一种砖与柁头等长，为"破"砖；另一种砖是"破"砖的两倍长，为"整"砖。砌筑时以十字缝做法，并要求柁底的一块砖为"整"砖；如砖层厚度不够，"整"砖可"打卡子"。（见图44）

（3）砌砖博缝工艺流程（见图45、图46）

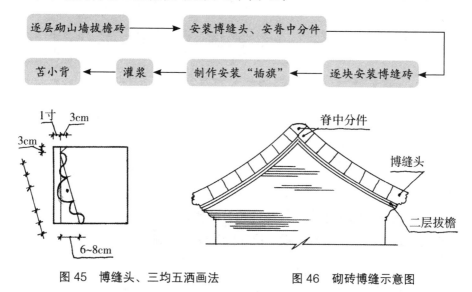

图 45　博缝头、三均五洒画法　　　　图 46　砌砖博缝示意图

（4）砌砖须弥座工艺流程

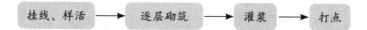

须弥座由三部分组成，束腰以上、束腰、束腰以下，这三部分各占须弥座的三分之一。中间的束腰可大于上、下两部分，但不可小于上、下两部分。须弥座各层出檐尺寸同冰盘檐做法。（见图47）

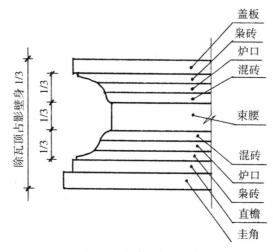

图 47　砌砖须弥座示意图

（5）砌砖券工艺流程

①砌券的形式很多，常见的有平券、木梳背券、车棚券、圆光券、半圆券、瓶券等异形券。

发券前先要制作券胎，为了节省材料或材料二次利用，多为砖券胎。例如，发圆光券，可在圆心部位至地平砌砖跺，通过圆心铺设水平木板，在圆心位置安装两个里外圈使用的抢杆，砌筑时旋转抢杆确定下半圆每块券砖的准确位置，上半圆则需用抢杆定位支搭半圆砖券胎。（见图48）

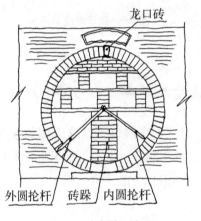

图48 砖券胎示意图

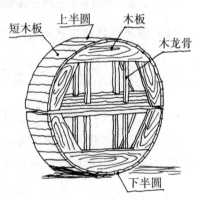

图49 木券胎示意图

如使用木券胎，则先要放大样后制作木券胎，发券时在木券胎上进行。（见图49）木券胎可制作成组合式，这样便于拆卸。为了节省木材、可内设木龙骨，再将木板贴于券胎两侧，找圆后，在圆面上铺钉短板或竹胶板，安放于发券位置。

②样活、确定砖缝分位及每块砖的位置。

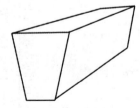

图50 楔形砖示意图

根据发券的样式开始样活，分位时可从龙口砖往两边排活，分位的放射线都以圆心为基准点，每块券砖经放样后砍制成上宽下窄的楔形砖。（见图50）券砖应为单数，中间是龙口砖。

③分层逐块从两侧向中间砌筑。

发平券、木梳背券要从两边往中间砌筑，发圆光券要从下往上砌筑。（见图 51）

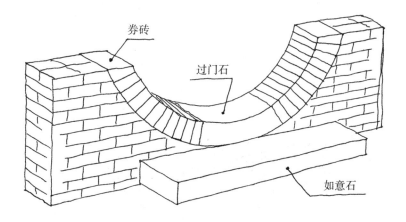

图 51　发圆光券从下往上砌筑

发券时应拴卧线，砌筑时灰浆要密实。摆砌后应在上口用石片背进砖缝，然后灌浆。

4. 大式建筑黑活筒瓦屋面工艺流程

（1）硬山、悬山筒瓦屋面工艺流程

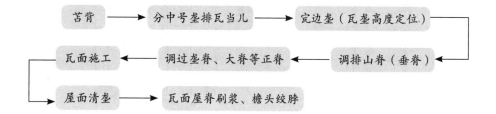

①分中号垄排瓦当儿。(见图52、图53)

中间部分，赶排瓦口。如排不出"好活"，可调整蚰蜒当，即两瓦之间的距离。

如是铃铛排山脊，以博缝外皮往里排两瓦口；如是披水檐做法，从披水砖檐里口往里排两瓦口，以此来确定瓦口的尺寸。

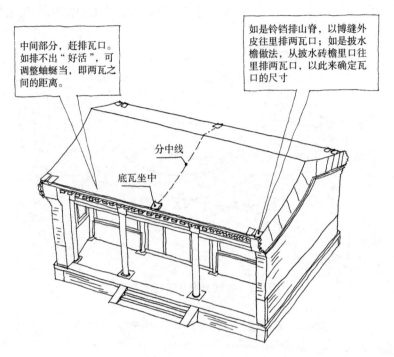

分中线

底瓦坐中

图 52 分中号垄排瓦当儿示意图

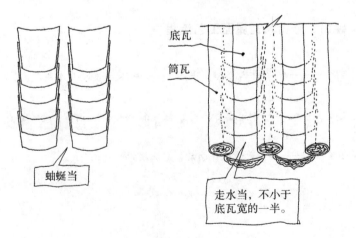

底瓦

筒瓦

蚰蜒当

走水当，不小于底瓦宽的一半。

图 53 宽底瓦、筒瓦示意图

②宽边垄。

宽边垄也叫"冲垄"，两端的边垄宽好后，按照边垄的曲线（囊向）再冲中间瓦垄，即屋面中间宽三趟底瓦、二趟筒瓦。（见图54）

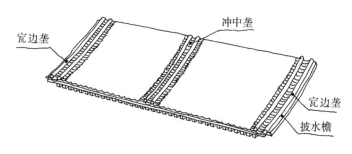

图54　宽边垄示意图

③调排山脊。

硬山、悬山建筑的排山脊又称垂脊，大式黑活做法多以铃铛排山脊为主。垂脊下面要先宽好排山勾滴，也称铃铛瓦。（见图55）

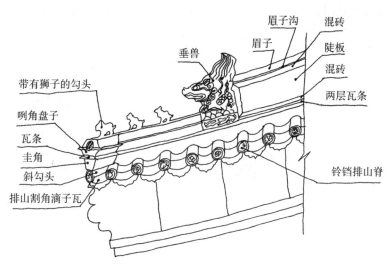

图55　调排山脊

先将边垄滴子和排山滴子瓦去掉一角，即割角，使两块瓦交接紧密，再安装斜勾头，再稳圭角，再砌一层瓦条，再稳砌盘子，再安装带有狮子的勾头。

按数量安装小兽，之后安装垂兽。兽后两层瓦条，再混砖、陡板、混砖，最后是眉子。眉子与混砖之间留有一公分半的眉子沟。

④调过垄脊、大脊等正脊。

尖山式硬山、悬山建筑的正脊称为大脊。（见图56）

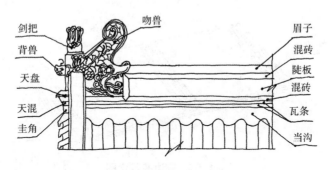

图56　正脊正立面示意图

a.调大脊时，先在屋面扎肩灰上放好三块老桩子瓦，即在每坡各垄底瓦位置各放一块"续折腰瓦"和两块底瓦（这两块底瓦叫"梯子瓦"），最后在梯子瓦下面放一块横向的凸面朝上的底瓦，这块底瓦叫"枕头瓦"。（这块瓦在宽瓦时撤掉，是临时支垫用的）。在两坡相交的底瓦处铺灰，扣放瓦圈。（见图57）

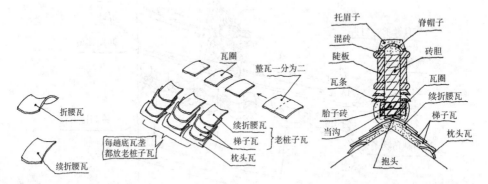

图57　安装老桩子瓦示意图　　　图58　安装老桩子瓦及正脊剖面

b.在瓦圈上铺灰找平砌几层。

胎子砖，也叫"当沟墙"，其高度应等于或接近于陡板高度。（见图58）

眉子沟为三分，1厘米～1.5厘米即可。（见图59）当沟的高度，宽完筒瓦后还应留有一块筒瓦的高度。（见图60）

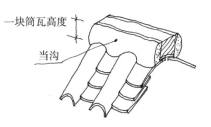

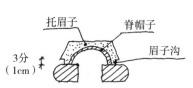

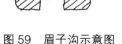

图 59　眉子沟示意图　　　　　　图 60　当沟高度示意图

先砌砖胆，再砌陡板，最好使用城砖，如使用方砖就要加木仁，以与砖胆结合。（见图 61）

⑤瓦面屋脊刷浆，檐头、绞脖、屋面施工完毕，最后一道工序要刷浆提色。先清扫屋面，开始刷浆，整个屋面刷月白浆，其目的是弥补瓦件上的微小气孔。

脊部：眉子、眉子沟、当沟刷烟子浆。

檐头：用烟子浆绞脖。

绞脖：檐头刷浆的俗称，起装饰作用。（见图 62）

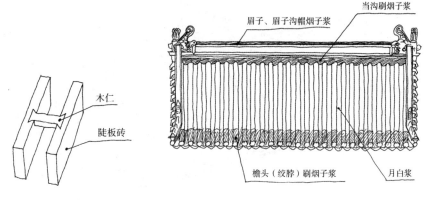

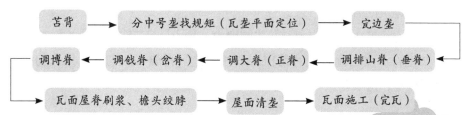

图 61　木仁连接陡板示意图　　　　　图 62　屋面刷烟子浆部位示意图

（2）尖山式歇山筒瓦屋面工艺流程（见图 63）

苫背 → 分中号垄找规矩（瓦垄平面定位） → 完边垄

调博脊 ← 调戗脊（岔脊） ← 调大脊（正脊） ← 调排山脊（垂脊）

瓦面屋脊刷浆、檐头绞脖 → 屋面清垄 → 瓦面施工（完瓦）

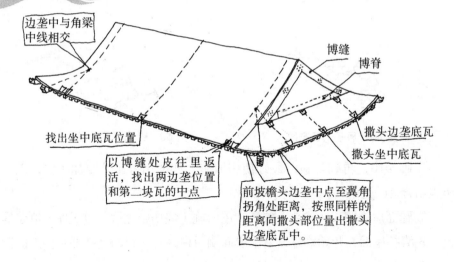

图63　歇山屋面分中号垄示意图

　　翼角不分中，在前后坡撒头钉好的瓦口与连檐合角之间赶排瓦当即可。但应注意前后坡和撒头相交处的两个瓦口应比其他瓦口短一些（短2/10～3/10），避免勾头压不住割角滴子瓦的瓦翅。（见图64）

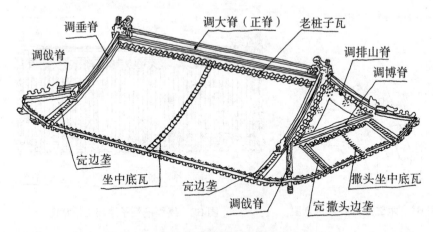

图64　歇山屋宽边垄、调各脊示意图

歇山建筑的各脊：

①大脊：歇山屋面的大脊做法同硬山、悬山。

②垂脊：歇山垂脊没有兽前，只在兽座下安放一块勾头，只在勾头四周堵严抹平，这块勾头叫"吃水"。

③戗脊：戗脊兽后应比垂脊略低，可调筒瓦"睁眼"。

④博脊：有两种做法——一种是仿琉璃挂尖做法，博脊两端插入排山勾滴，并仿制琉璃挂尖砍制。另一种做法是不插入排山勾滴，而是与戗脊相交，并使博脊逐层与戗脊逐层交圈。

5. 石活安装

（1）台明安装工艺流程（见图 65~图 67）

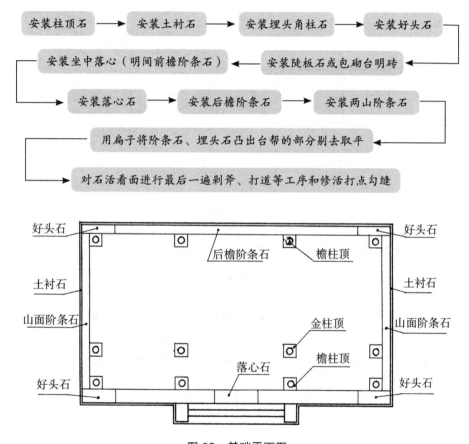

图 65　基础平面图

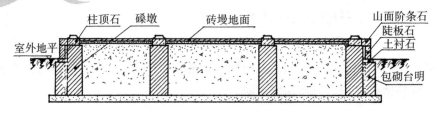

图66 基础剖面图

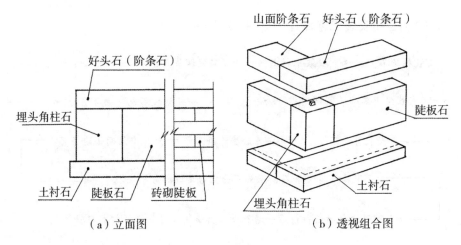

（a）立面图　　　　　　（b）透视组合图

图67 台明石活

（2）踏跺（台阶）安装工艺流程（见图68、图69）

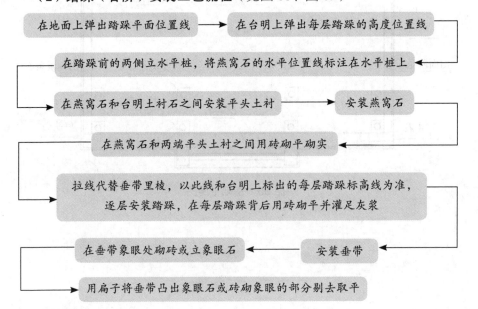

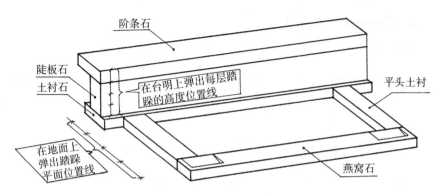

图 68　垂带踏跺安装、放线安装燕窝石土衬石

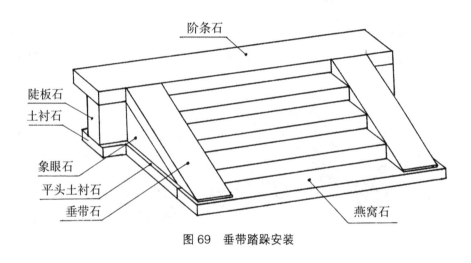

图 69　垂带踏跺安装

（三）木作工艺

1. 柱子制作

柱子因建筑形式不同、构造不同、所处位置不同以及不同的细部造型等，有多种不同的做法名称，主要包括檐柱、金柱、重檐金柱、里围金柱、中柱（山柱）、童柱、擎檐（封廊）柱、垂花门檐柱、垂花门钻金柱、垂花门独立柱、垂花门垂柱、游廊梅花柱、金瓜柱、脊瓜柱、雷公柱等。

（1）柱子制作工艺流程

①檐柱制作工艺流程。

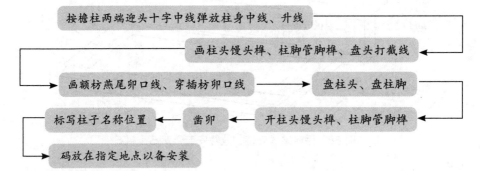

先将木料进行初加工，放十字中线、八卦线，弹出柱身八方顺直线，砍八枋，再弹出柱身十六方顺直线，砍十六枋，最后刮圆刨光。（见图70、图71）

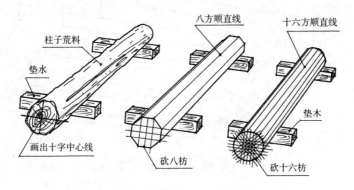

图70　柱子荒料初加工示意图

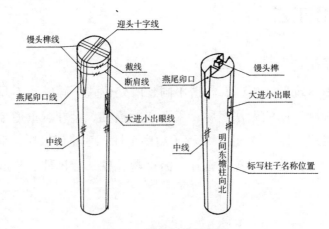

图71　檐柱制作示意图

②金柱制作工艺流程（见图72、图73）

按金柱两端迎头十字中线弹放柱身中线

画柱头馒头榫管脚榫、盘头打截线

画老檐额枋燕尾卯口线、随梁枋卯口线、抱头梁后尾榫卯口线、随梁枋卯口线、抱头梁后尾榫卯口线、穿插枋卯口线、递角梁、枋卯口线

凿卯 ← 开柱头馒头榫、管脚榫 ← 盘柱头、盘柱脚

标写柱子名称位置 → 码放在指定地点以备安装

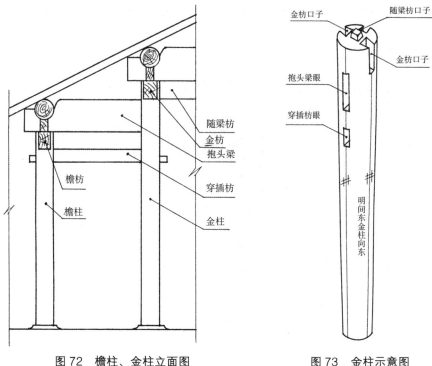

随梁枋
金枋
抱头梁
穿插枋
金柱
檐枋
檐柱

金枋口子
随梁枋口子
金枋口子
抱头梁眼
穿插枋眼
明间东金柱向东

图72 檐柱、金柱立面图　　　　图73 金柱示意图

2.梁（柁）类构件制作

梁（柁）类构件因建筑形式不同、构造不同、所处位置不同以及细部构造不同等，有多种不同的做法名称，主要包括七架梁、六架梁、五架梁、

四架梁、三架梁、月梁、顺梁、三步梁、双步梁、单步梁、抱头梁、麻叶抱头梁、桃尖梁、桃尖顺梁、角云、随梁、趴梁、抹角梁、顺趴梁、踩步金、踩步金随梁、天花梁、承重梁、接尾梁、帽梁、贴梁、递角梁、踏脚木、穿梁、老角梁、仔角梁等30余种。

（1）七架梁、五架梁、三架梁、六架梁、四架梁、月梁制作工艺流程

弹放迎头分中线、平水线、抬头线、滚楞线

点画步架中线、瓜柱卯口位置线、梁头外端盘头线

过方尺画瓜柱卯口、垫板卯口、象鼻檩碗卯口、海眼卯口

标写梁的名称位置 ← 滚楞 ← 凿卯 ← 盘梁头

码放在指定地点以备安装

一盘柁、二盘檩、三盘柱根站得稳。（见图74、图75）

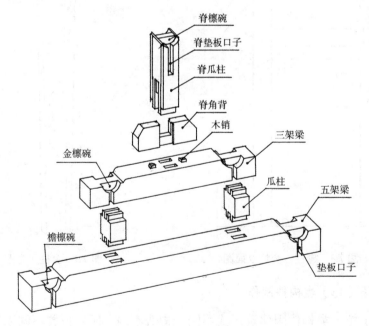

图 74　三架梁、五架梁分件组合

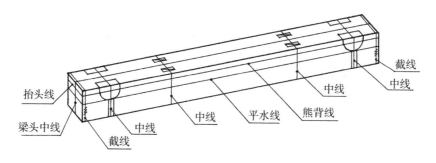

图 75　五架梁画线示意图

（2）三步梁、双步梁、单步梁、抱头梁、顺梁制作工艺流程（见图 76、图 77）

弹放迎头分中线、平水线、抬头线、滚楞线

点画步架中线、瓜柱卯口位置线、梁头外端盘头线、梁后尾榫外端盘头线

过方尺画瓜柱卯口、垫板卯口、象鼻檩碗卯口、海眼卯口、梁后尾榫线

标写梁的名称位置　←　滚楞　←　凿卯、开榫　←　盘梁头

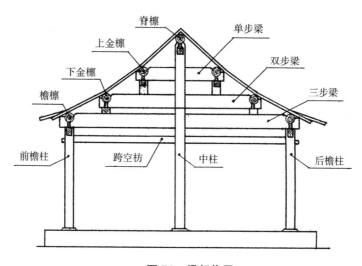

图 76　梁架位置

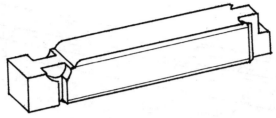

图 77　单步梁、抱头梁示意图

3. 枋类构件制作

枋类构件因建筑形式不同、构造不同、所处位置不同以及不同的细部造型等，有多种不同的做法名称，主要包括大额枋、小额枋、单额枋、重檐大额枋、檐檩枋、金（脊）檩枋、承椽枋、天花枋、围脊枋、花台枋、栱枋（关门枋）、间枋、跨空枋、平板枋、穿插枋、随梁枋、燕尾枋、帘拢枋等。

枋类构件制作工艺流程：

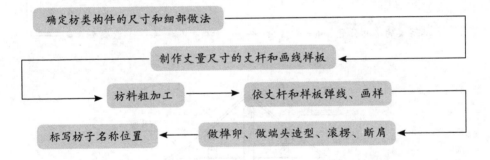

（1）枋子

两柱头之间横向的构件，大式建筑叫额枋，小式建筑叫檐枋。带斗栱的建筑，上面的叫大额枋，下面的叫小额枋。（见图 78）

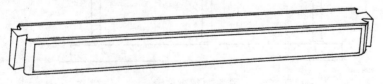

图 78　枋子示意图

（2）承椽枋、围脊枋

承椽枋出现在重檐建筑中，是承接下层檐椽尾部的枋子。（见图79、图80）围脊枋是在承椽枋上面的构件，是遮挡围脊瓦件的木构件，也可用围脊板代替。

（3）棋枋、关门枋

棋枋是重檐建筑在金柱以里进行室内天花装修时增设的木构件，在承椽枋之下，与檐枋相平或高于檐枋，作用是为在金柱间安装槛框提供条件。

棋枋之上，承椽枋之下可安装走马板，又称棋枋板，如是明间，需安装门扇，这根构件可称为关门枋。

关门枋之下可安装槛框。

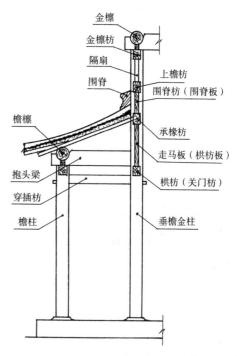

图 79　重檐建筑构件名称示意图

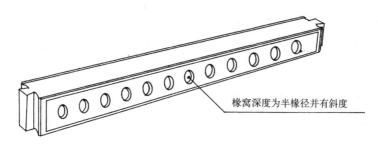

图 80　承椽枋示意图

4. 檩(桁)类构件制作

檩（桁）类构件因所处位置不同及不同造型等，有多种不同的做法名称，主要包括檐檩、金檩、脊檩、正心桁、挑檐桁、扶脊木等。

檩(桁)类构件制作工艺流程：

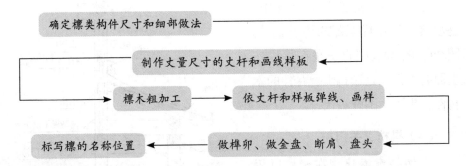

在无斗栱的大式建筑和小式建筑中，该构件称为"檩"；在有斗栱的大式建筑中，该构件称为"桁"。（见图81）

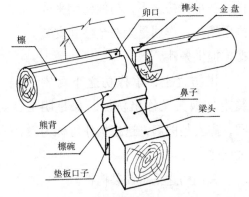

图81　梁檩组合示意图

先在檩件上画线，两端画十字中线，并引至檩身四面中线，檩的一端是燕尾口子，另一端是燕尾榫，在檩的榫头、卯口的下半部分去掉梁鼻子所占的部分（通常鼻子占1/2梁宽），使檩件落在檩碗中。另外，檩的上面和下面只要与其他构件相叠，都要砍刨出一个平面。这个平面叫"金盘"，可与其他构件平稳接触。金盘的宽度约占檩径的3/10。

标写名称位置：东西南北向，上下金脊枋。

前后老檐柱，椽插抱头梁。

5. 椽子制作

椽子因建筑形式不同。所处位置不同及造型不同，有多种不同的做法名称，主要包括檐椽、飞椽、花架椽、脑椽、翼角椽、翘飞椽、边椽、罗锅

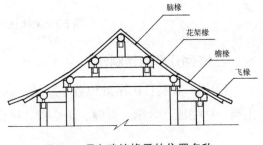

图82　硬山建筑椽子的位置名称

椽、蜈蚣椽、牛耳椽、哑巴椽、板椽等。（见图82~图84）

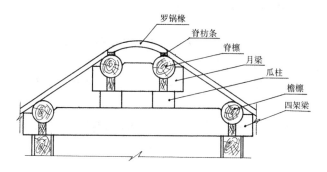

图 83 双檩卷棚屋面罗锅椽位置图

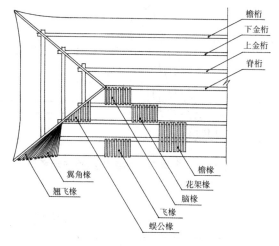

图 84 庑殿屋面椽子的位置及名称

在安装蜈蚣椽时，因窄小，可采用板椽方式安装。

板椽也叫连瓣椽，多用于圆形攒点亭脊步的椽子安装，可做成梯形、三角形板、以板代椽。（见图85）

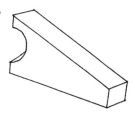

图 85 板椽示意图

（1）椽子制作工艺流程

①翼角椽制作工艺流程（见图86~图88）。

```
加工规格椽毛料  ──────→  打截荒椽料
                                      │
     放翼角搬增线  ←──────  刨光加工成规格净翼角椽料
     │
     └─→  拉翼角绞尾子  ──────→  码放在指定地点以备安装
```

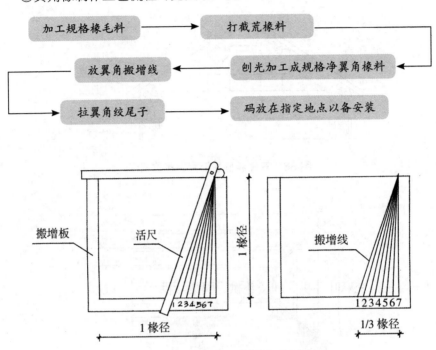

图86　翼角椽头撇向搬增线画法示意图

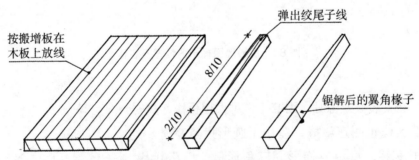

图87　翼角椽子下料画线锯解示意图

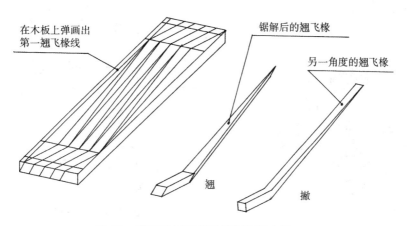

图 88　翘飞椽子下料画线锯解示意图

6.斗栱制作

斗栱因构件做法不同或位置不同，有多种不同的类型，主要包括平身科斗栱、柱头科斗栱、角科斗栱、昂翘斗栱、溜金斗栱、品字斗栱、平座斗栱、一斗三升交麻叶斗栱、牌楼斗栱、隔架斗栱等。（见图89～图95）

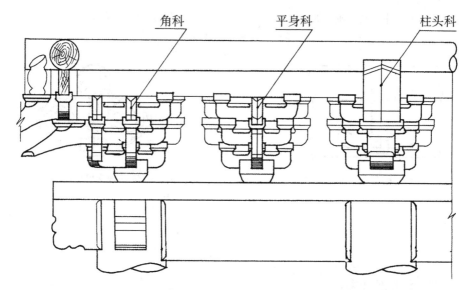

图 89　角科、平身科、柱头科斗栱示意图

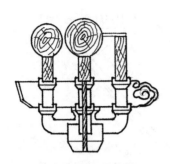

图90　品字科斗栱

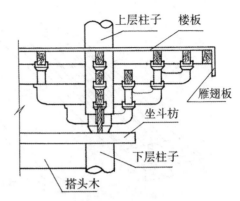

上层柱子　楼板
雁翅板
坐斗枋
下层柱子
搭头木

图91　平座斗栱

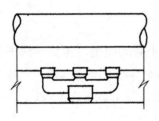

（a）一斗三升斗栱正面

（b）一斗三升斗栱正面

图92　一斗三升斗栱

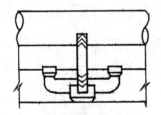

（a）一斗三升交麻叶斗栱正面

（b）一斗三升交麻叶斗栱侧面

图93　一斗三升交麻叶斗栱

图94　隔架斗栱

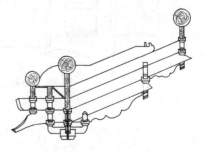

图95　五踩溜金斗栱

斗栱制作工艺流程：

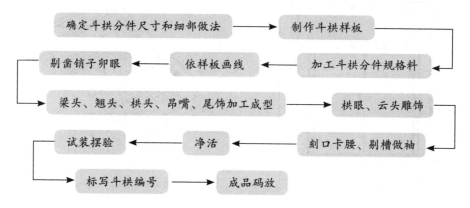

确定斗栱分件尺寸和细部做法 → 制作斗栱样板

剔凿销子卯眼 ← 依样板画线 ← 加工斗栱分件规格料

梁头、翘头、栱头、昂嘴、尾饰加工成型 → 栱眼、云头雕饰

试装摆验 ← 净活 ← 刻口卡腰、剔槽做袖

标写斗栱编号 → 成品码放

7. 板门制作安装

板门包括实塌门、攒边门、撒带门、屏门。

实塌门是由厚木板拼接起来的实心镜面大门，板与板之间采用龙凤榫或企口榫连接，并采取穿带形式加强板门的整体性。穿带有两种方式，穿明带也叫抄手带，穿带的根数要与门钉排数为准。实塌门专用于宫门、坛庙大门或城门。（见图96、图97）

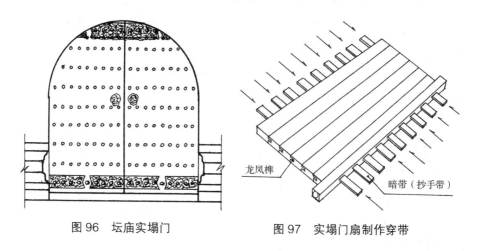

龙凤榫

暗带（抄手带）

图96　坛庙实塌门　　　　　　　图97　实塌门扇制作穿带

攒边门是多用于府邸民宅的屋宇式大门，每个门扇的四边用厚木板攒起边框，中间的门心用薄板安装，并穿四根带安装门栓。（见图98、图99）

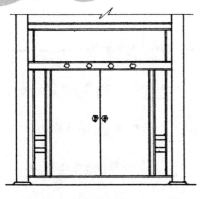

图 98　府邸民宅大门（攒边门）

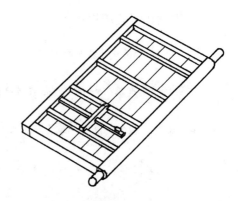

图 99　攒边门扇

撒带门多用于民宅户门，除边框带门轴外其他无边框，均由木板拼出门心板，用穿带方式将门心板连接在一起，拼缝可采取龙凤榫或企口榫连接。（见图 100）

屏门多四扇为一组，常见于垂花门后檐柱间及园林月亮门、瓶子门、八角门等，屏门是用较薄的木板拼接的镜面板门，由于体量较小，可不做门边、门轴，板面用企口榫连接后穿带，两端做"拍抹头"透榫，45°割角。安装鹅项、碰铁五金件，用于屏门开启关闭。屏门须刷绿色油漆，上面通常书写吉祥语。（见图 101、图 102）

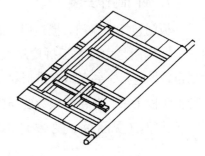

图 100　撒带门扇

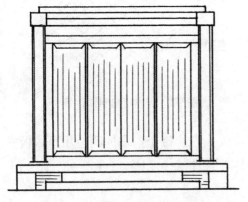

图 101　垂花门后檐柱四扇屏门

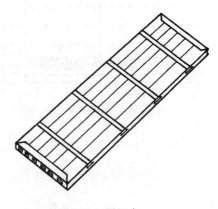

图 102　屏门扇

板门制作工艺流程：

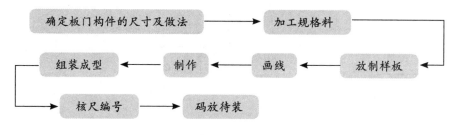

板门安装工艺流程：

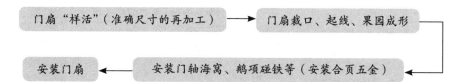

实塌门安装饰件如图 103 所示。

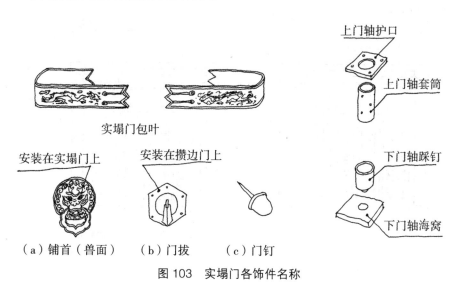

图 103　实塌门各饰件名称

屏门安装饰件如图104所示。

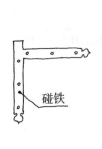
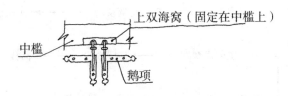
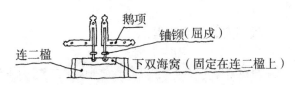

图104　屏门各饰件名称

8.隔扇门制作安装

隔扇门包括外檐隔扇、内檐隔扇（碧纱橱）、风门、帘架等。（见图105～图108）

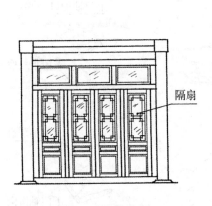

图105　外檐隔扇

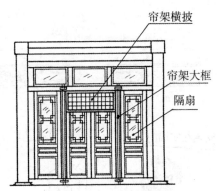

图106　带帘架的外檐隔扇

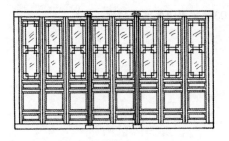

图107　内檐隔扇（碧纱橱）

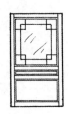

图108　门风

隔扇门制作安装流程:

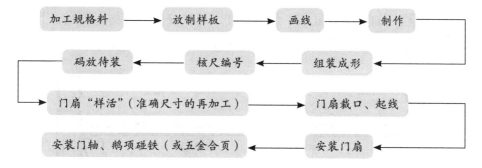

9.栏杆制作安装工艺流程

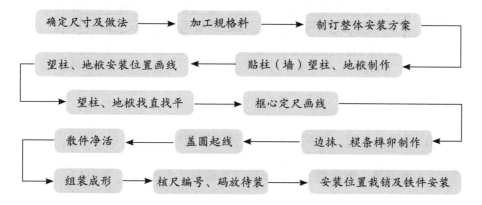

（1）花栏杆

花栏杆的构造简单,是由望柱、横枋及花格棂条组成的。花栏杆棂条组成的花格图案形式繁多,常见的有盘长、万字、龟背锦、套方、亚字、井口字等。其主要起围护作用,多用于住宅及园林建筑中。(见图109)

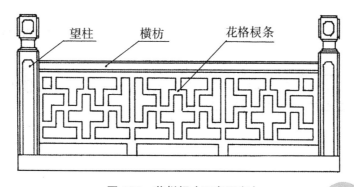

图 109 花栏杆(万字图案)

（2）寻杖栏杆

寻杖栏杆的构造较复杂，是由望柱、寻杖扶手、腰枋、地栿、下枋、绦环板、牙子、荷叶净瓶组成的。（见图110）

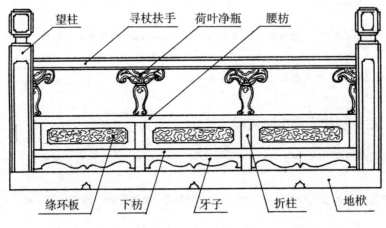

图110　寻杖栏杆

10. 楣子、雀替、挂檐板制作安装工艺流程

（1）楣子凳、倒挂楣子制作安装工艺流程（见图111、图112）

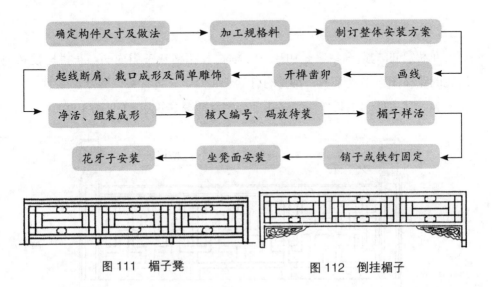

图111　楣子凳　　　　　　　图112　倒挂楣子

（2）雀替制作安装工艺流程（见图113、图114）

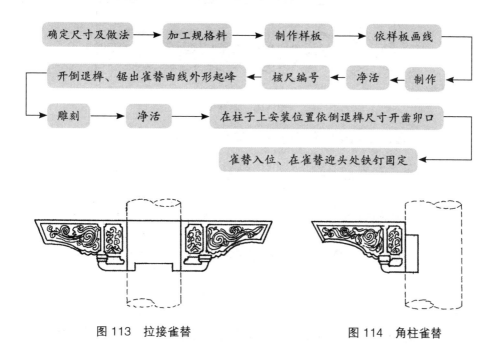

确定尺寸及做法 → 加工规格料 → 制作样板 → 依样板画线

开倒退榫、锯出雀替曲线外形起峰 ← 核尺编号 ← 净活 ← 制作

雕刻 → 净活 → 在柱子上安装位置依倒退榫尺寸开凿卯口

雀替入位、在雀替迎头处铁钉固定

图113　拉接雀替　　　　　　　　图114　角柱雀替

（3）挂檐板制作安装工艺流程（见图115、图116）

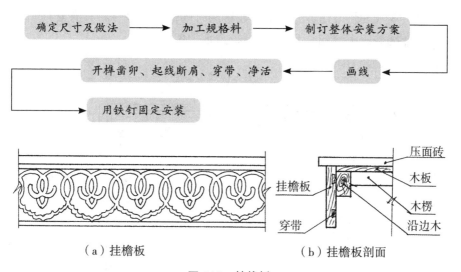

确定尺寸及做法 → 加工规格料 → 制订整体安装方案

开榫凿卯、起线断肩、穿带、净活 ← 画线

用铁钉固定安装

（a）挂檐板

压面砖
木板
挂檐板
木楞
穿带
沿边木

（b）挂檐板剖面

图115　挂檐板

图 116　滴珠板

11. 花罩、博古架制作安装工艺流程

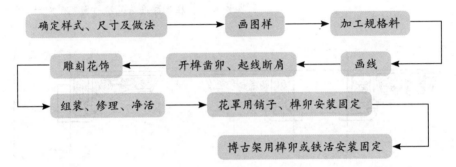

花罩种类很多，有落地罩、落地花罩（见图117）、几腿罩、栏杆罩、炕罩、圆光罩、八角罩等，通常安装在居室进深方向的，起分隔室内空间和装饰作用。

博古架（见图118）通常安装在进深方向柱间，是一种具有家具和装饰双重功能的室内木装修，起分隔室内空间作用。

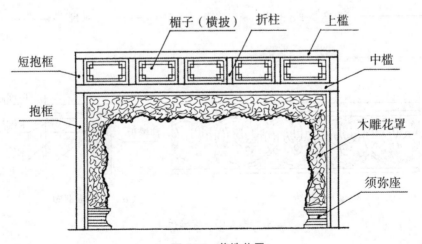

图 117　落地花罩

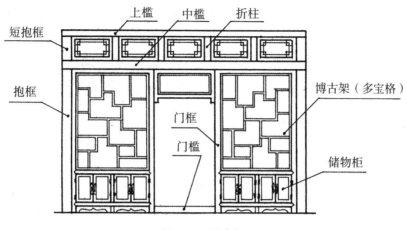

图 118　博古架

12. 天花制作与安装

（1）井口天花制作安装工艺流程

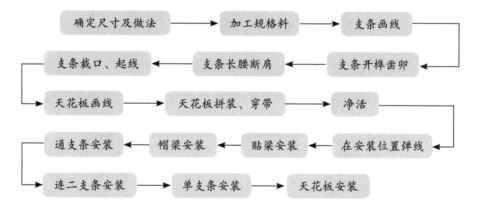

①贴梁——天花支条贴附在天花梁、天花枋的侧面的支条，称为贴梁。

②天花梁——用于进深方向的木构件称为天花梁。

③天花枋——用于面宽方向的木构件称天花枋。

④帽儿梁——用于面宽方向的断面为半圆形的梁，每两井天花安装一根帽梁，主要起龙骨作用。

⑤通支条——沿面宽方向每两井天花安装一根木构件，称为通支条。

⑥连二支条——沿进深方向垂直于通支条的木构件，称为连二支条。

⑦单支条——在连二支条之间再卡一根支条，为单支条。（见图119）

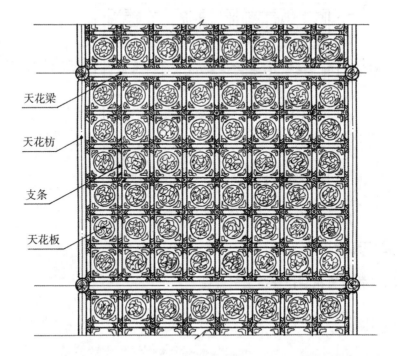

天花梁

天花枋

支条

天花板

（a）井口天花仰视图

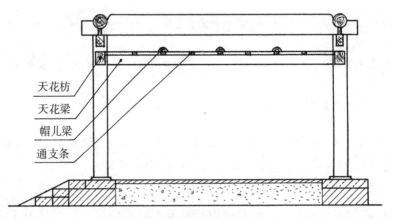

天花枋
天花梁
帽儿梁
通支条

（b）井口天花木结构剖面图

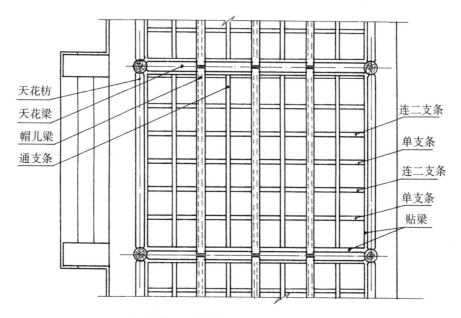

（c）井口天花俯视图（天棚内往下看）

图 119

（2）木顶格制作安装工艺流程

古建筑室内简易吊顶装饰采用的是海墁天花吊顶糊纸的方式。

海墁天花由若干个木顶格组成。每个木顶格根据建筑的面宽、进深确定具体尺寸规格。

木顶格是由边框、抹头、楞条组成豆腐块形状，再将制作好的每扇木顶格用四根木吊挂固定在大木构架上，最后糊纸。（见图 120）

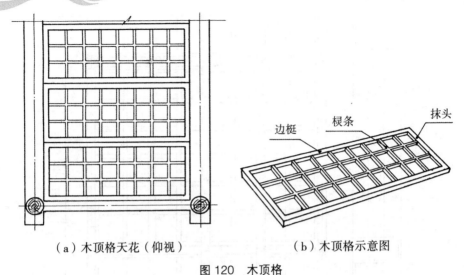

（a）木顶格天花（仰视）　　　　（b）木顶格示意图

图 120　木顶格

（四）油漆作工艺

中国古建筑是砖木结构，为了保护木构件，劳动人民在长期的实践中利用现有材料创造了独特的、完整的油漆制作工艺。在明代，油饰工艺有了突破性的发展，人们发明了地仗。开始时，人们使用桐油、土籽、樟丹熬制灰油，再加入白面和生石灰水制成油满，兑入砖灰后敷于木构件表面，成为油漆的基底，即地仗。到了清代，人们又在地仗中增加了麻纤维层，增加了地仗的拉结强度；晚清时期，由于粮食紧张，就用血料代替油满。

地仗的发明解决了木构件表面开裂的问题，同时起到了装饰作用，从而使古建筑的生命得以延续。

油漆作工艺由地仗、油饰两部分组成。

1. 地仗

油漆地仗做法有二道灰、三道灰、四道灰、一麻五灰、一布一麻六灰、二麻一布七灰等，这些做法根据建筑等级、构件部位及经济状况而定。

地仗的原材料有生桐油、熟桐油、砖灰、血料、白面、樟丹、土籽及线麻。

①生桐油。

桐油是从产于我国南方的桐树的果实中榨取的油质。最佳榨油的桐树为三年桐、四年桐，最佳收获时间在当年的九、十月份，其榨油量可得30%，将籽再热榨又可得10%。榨好的桐油颜色以金黄色为佳。

②熟桐油。

熟桐油又称光油，是将生桐油倒入容器，加入苏子油、土籽，经燃火加热熬制而成的。

③砖灰。

砖灰是用传统的亭泥砖下脚料经研磨加工成细粉状而成。

④血料。

血料是指动物血，常用的是猪血。血料具有耐水、耐油、耐酸碱作用，是地仗中的凝固剂。

⑤白面。

白面即食用的面粉，稀释后经调制成糊状，再调制成油满。

⑥樟丹。

樟丹是一种矿物质原料，产于我国山东青岛，也是彩画所使用的一种颜料，其成分是一氧化铅。

⑦土籽。

土籽是一种含氧化锰的矿石，呈颗粒状，体沉，可碾成粉，红褐色，用于熬制灰油、光油，是一种催干剂，产于我国湖南。

⑧麻。

麻指草木麻类植物，用其茎皮纤维可制成线麻。

（1）地仗材料配制工艺

①熬灰油工艺流程。

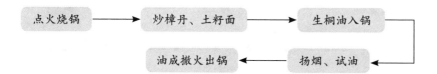

点火烧锅后，将掺和均匀的樟丹、土籽面倒入锅内旺火翻炒烘干，按

春、夏、秋、冬不同的季节配兑樟丹、土籽面的比例；放入生桐油，用旺火熬制，加热到一定程度开始冒青烟，这时要扬油放烟，烧到170~180℃时改用微长火熬制，当油表面呈现黑褐色时可用开刀沾油滴入水中，如油珠不散开，再把沾上油的开刀放入冷水中冷却，用手摸试，当所熬之油经过热化扬烟后产生黏度，达到标准即可出锅，并继续扬烟，而后用牛皮纸盖严封住油面，待用。

②发血料工艺流程。

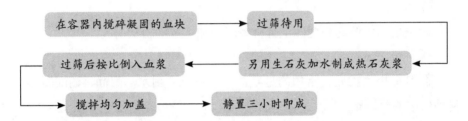

血料使用前要进行发酵。发血料是用生石灰块泼水后起化学反应，水化后兑入血料发制成稀粥状，搅拌均匀省至一段时间，即可投入使用。

③打油满工艺流程。

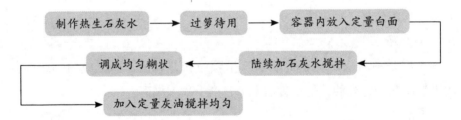

地仗中的油满是匠人自制的胶结材料，与其他地仗材料掺和后可使地仗坚固耐久。

④熬光油工艺流程。

光油的特点是干燥性强、结膜均匀，干后光滑，可配兑、可罩面。

⑤配制颜料光油工艺流程。

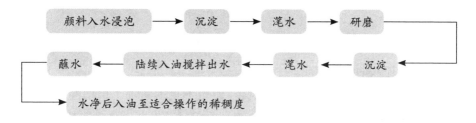

a.配制绿光油。

配制绿光油需用到巴黎绿，巴黎绿是一种矿物质颜料，有毒。

先将颜料倒入瓷器皿中用开水浇沏，水至淹没颜料一寸为宜，搅动后静泡置两小时后倒掉上面的清水，再沏一遍（叫出矾），凉后再倒掉上面的清水，然后将沉淀的颜料进行研磨，凉一段时间使水分排净，即可加入适量的光油开始调和，使颜料与光油充分结合，如还有少量的水分要用布或纸吸出余水。而后可兑入光油，充分搅拌均匀后即可投入使用。

b.配制铁红油。

炒干颜料 → 入油搅拌 → 暴晒沉淀 → 分层使用

传统的颜料红土子，也叫霞土、广红，但又略有区别，红土子成色稍差，霞土成色略紫。现在多用氧化铁红，其质细体重，红中发紫，着色力、耐光力强。现在市场上销售的铁红油漆就是化学原料氧化铁红加醇酸清漆调制而成的。

传统的配制铁红油的方法是，先将颜料放入锅内翻炒除去潮气。冷却后过筛倒入瓷盆内加适量光油搅拌，随入油随搅拌，搅拌均匀后，实验其浓度和颜色的覆盖力及干燥程度。调制后的色油，用牛皮纸封好，在阳光下暴晒三四个小时，使其杂质渣滓沉底后再用纯漂油。

c.配制烟子油。

方法1

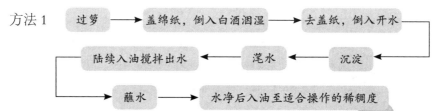

方法 2

光油内加入烟子调制成烟子油。

烟子，又称烟黑、碳黑，是木材在空气不足的情况下烧出的木炭，体质很轻，碾成粉末兑入光油，遮盖力强，有耐碱、耐老化、耐高温的性能。

由于烟子体轻，难以溶解于水，可用食用白酒或煤油洇透。方法是：先将烟子过筛入盆，再将洇湿的高丽纸覆盖于烟子之上，倒入白酒，使酒通过湿纸与烟子融合，再用适量开水润透烟子为止，待八小时水凉色沉后，将纸取出，再出水串油。

d. 配制金胶油工艺流程。

金胶油是把金箔贴在构件上的黏合剂，是用熬制好的光油再加上适量的半干性豆油或苏油，为了克服金胶油漏打再加入适量的铅粉或陀僧（黄丹粉），先用暴火熬油，开锅后再用微火熬制而成。金胶油的成色可根据不同的季节、气候条件、操作者的手法、熟练程度、工程量的多少来调整配比，掌握干燥程度，选择贴金时机。

（2）油漆地仗工艺

一麻五灰工艺流程：

汁浆 → 捉缝灰 → 扫荡灰 → 使麻 → 磨麻
磨细钻生 ← 细灰 ← 中灰 ← 压麻灰

①砍净挠白。

对于新建筑，需要油饰的木构件因表面平整光滑，需用斧子跺成麻面，以增强地仗与木构件的附着力；对于需要修缮的建筑，要将旧油漆地仗清除，需用斧子砍掉旧漆皮及地仗，见到木构件表面，做到砍净挠白。

②撕缝。

建筑的木构件有很多裂缝，其缝边缘的干柴虚飘，需清除，以保证地仗灰能捉进缝中填实。

③下竹钉、揎缝。

下竹钉是用木楔将撕过缝的部位撑实，减少缝隙变化。木构件缝隙过大、过宽、过长应采取揎缝的方法将薄木片揎进缝内。

④汁浆。

将血料稀释，涂刷于木构件表面及缝隙内，清除浮尘，使地仗灰与木构件结合牢固称为汁浆。

⑤捉缝灰。

捉缝灰是将木构件上的缝隙填满、填实，对有缺陷的木构件要衬平、补缺。

⑥通灰。

通灰（又称扫荡灰）是指待捉缝灰干燥后，将木构件统统使灰。

⑦使麻。

使麻是先在通灰的基础上开浆，抹上一道黏麻的浆料，再将梳理好的麻黏在浆上，再将松软的麻用足形轧子与粘麻浆密实。对于部分麻未被浸透出现空麻包的地方，要潲生，即重新蘸浆拢刷干麻。为保证使麻工序的质量，可采取水轧的方式，进一步找补轧麻。

⑧磨麻。

磨麻是将麻黏在木构件上，干固后，要将表面麻丝磨断出绒，以便与下道灰层结合。

⑨压麻灰。

磨麻后，再统统使一遍灰，将丝麻包裹其中，称为压麻灰。

⑩轧线。

在古建筑中木构件有许多棱角装饰线是用灰堆起来的，操作时使用线型相同的模具将灰料做出所需的线型称为轧线。

⑪中灰。

中灰是一麻五灰做法的第四道灰，做法同通灰。中灰的配制比例是：油满∶血料∶砖灰 =1∶1.8∶3.2。

⑫细灰。

细灰是"一麻五灰"做法的最后一道灰，做法同通灰。细灰的配制比例是：油满：血料：砖灰：光油 =1：10：39：2。

⑬钻生。

钻生是"一麻五灰"做法的最后一道工序，是在磨细灰的基础上钻生桐油，以保证地仗与下道油漆层紧密结合，同时增强地仗的强度。

2. 油皮

油皮（搓光油）的工艺流程：

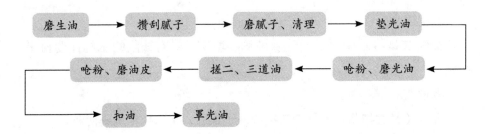

①搓光油。

熬制好的光油黏稠度大，用油刷无法刷均，必须搓油，即用生蚕丝揉成团（丝头团）沾光油在木构件上揉搓。生丝头有弹性，揉成团能膨胀，含油量大，耐磨不掉丝。可根据操作者手的大小及构件大小而做丝头团。

搓光油时需二人配合施工，一人先搓光油，另一人用油栓将油蹬顺。

操作时，分件分块搓油，要搓严搓到，油不能过"肥"，而且要均匀，即匠人所说的"干、到、均"。用油栓操作时要先横蹬竖顺，最后轻飘油栓，去除栓路，即刷痕。

②油栓是自制工具，即用牛尾毛制成的特殊的专用工具（刷子）。

地仗的最后一道工序是钻生，油饰前要磨生，避免造成顶生，但不能将油皮磨穿。

③攒刮腻子，先用铁板刮一道血料腻子，再用皮子攒一道血料腻子。经打磨后刷第一遍油，叫垫光油。垫光樟丹油除了起到底油封闭、遮盖、防渗和节约面油的作用外，还起到衬托表层色油的色彩作用，使银珠油、二朱油色调明快鲜艳。

其他几道工序依次是磨垫光油、抹二道腻子磨腻子光二道油，最后罩一道光油。

3. 古建筑油饰的颜色

按照《周礼·考工记》记述，夏朝崇尚白色，周朝崇尚红色。到了春秋战国时期，建筑颜色又出现了等级区别，如柱子的颜色："天子丹"，即周天子宫殿的柱子为红色；"诸侯黝"，即诸侯的府邸房子柱子为黑色；"大夫苍"，即大夫（官品名称）的府邸房屋柱子为青色。

明朝时，官式建筑中油漆色彩等级观念淡泊，因百姓也崇尚红色，逐渐不分等级，不论大式小式建筑，油漆颜色均以红色为主调，但色彩仍然十分丰富，多达二十几种。

清朝时，色彩趋于简化，建筑色彩还是以红色为主调，各种色彩之间搭配协调，逐渐定式为：圆柱子用红色；方柱子用绿色；外檐装饰的槛框、隔扇随柱子的颜色，或朱红色，或铁红色；宫门为二朱红（银朱加铁红）；府门为朱紫；屏门用绿；小式宅门用铁红或黑。

（五）彩画作工艺

1. 清官式彩画构图规制

1）和玺彩画的构图与画题

（1）梁、檩、枋等大木构件按"分三庭"规则构图，即中间为枋心，两端设箍头，枋心与箍头之间为找头。尺寸较长的可设双箍头，并在双箍头之间设盒子。（见图 121）

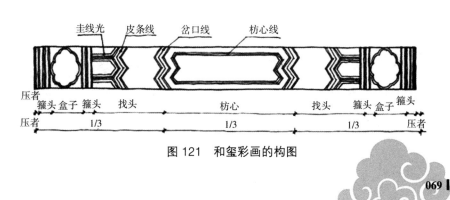

图 121　和玺彩画的构图

（2）各位置的枋心线、箍头线、盒子线做出轮廓线，在找头部位划分出岔口线、皮条线、圭线光。构件尺寸过短的可简化找头部位进一步划分。

（3）枋心线、岔口线和皮条线均采用Σ形造型。

（4）主要画题。

①金龙和玺。

a. 枋心内多画行龙。（见图122）

图122　和玺彩画枋心内绘行龙

b. 盒子内多画坐龙。（见图123）

c. 找头内绘升龙、降龙：青色底绘升龙、绿色底绘降龙。（见图124、图125）

图123　坐龙　　　　图124　升龙　　　　图125　降龙

d. 圭线光内绘灵芝和菊花：青色底绘灵芝、绿色底绘菊花。（见图126、图127）

图126　圭线光内绘灵芝　　　　图127　圭线光内绘菊花

e.挑檐枋多绘流云或工王云。（见图128）

图128　挑檐枋绘工王云

f.额垫板绘行龙，也可绘阴阳轱辘草。（见图129）

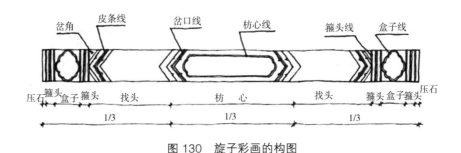

图129　额垫板绘阴阳轱辘草

2）旋子彩画的构图与画题

（1）梁、檩、枋等大木构件按"分三庭"规则构图，即中间为枋心，两端设箍头，枋心与箍头之间为找头。构件尺寸较长的可设双箍头，并在双箍头之间设盒子。

（2）各部位用枋心线、箍头线、盒子线做出轮廓线。在找头部位进一步划分出岔口线、皮条线和岔角。构件尺寸过短的，可简化找头部位进一步划分。（见图130）

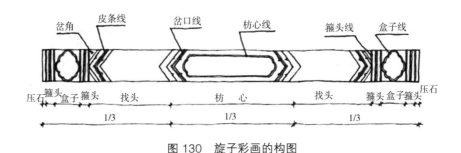

图130　旋子彩画的构图

（3）主要画题。

①枋心内画夔龙和宋锦：青色底画龙，绿色底画宋锦。（见图131、图132）

图 131　枋心内绘夔龙（可绘金龙）

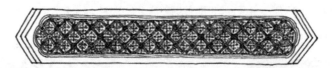

图 132　枋心内绘宋锦

②盒子内画坐龙和西番莲，或画栀花、四合云。（见图 133）

（a）整栀花

（b）整四合云

（c）破栀花

（d）破四合云

图 133　栀花和四合云

③找头内画旋子图案。（见图 134）

3）苏式彩画的构图与画题

图 134　找头内绘旋子彩画

梁、檩、枋大木构件按"分三庭"规则构图，即中间为核心，两端设箍头，枋心与箍头之间为找头。

苏式彩画形式有包袱式、枋心式、海墁式、掐箍头搭包袱式及掐箍头等。（见图 135、图 136）

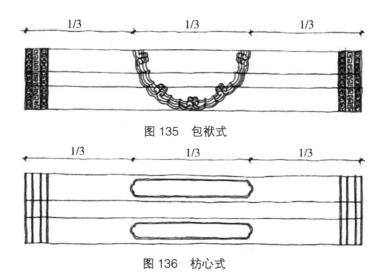

图 135　包袱式

图 136　枋心式

苏式彩画包袱内画山水、花鸟、人物故事或线法风景画。（见图 137）

图 137　苏式彩画包袱内画山水

枋心式彩画，枋心内画山水、花鸟、人物故事或线法风景画。（见图 138）

图 138　枋心内画山水、花鸟

找头两端为卡子，卡子又分软卡子、硬卡子，施绘时应软硬卡子相间。（见图 139）

 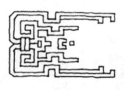

（a）软卡子　　　　　　（b）硬卡子

图 139　卡子

箍头可绘连珠、回纹、万字等。（见图 140）

（a）连珠、回纹　　　　（b）连珠、万字

图 140　连珠、回纹、万字

海墁式苏式彩画没有线框的约束，极具开放性，纹饰内容题材广泛，可绘五福捧寿、吉祥图案、流云、花卉、博古等。（见图 141）

图 141　海墁式苏式彩画纹样

4）柱头彩画与梁（枋）头彩画

（1）柱头彩画。

①和玺彩画。

柱头上下设箍头、靠下箍头可设圭线光，上箍头与圭线光之间可设盒子，也可不设盒子，直接绘制纹饰。（见图 142）

柱头箍头

柱头饰纹

柱线光

柱头箍头

图 142　柱头和玺彩画

②旋子彩画。

上、下设箍头，上面的箍头可安排两条箍头（正、副箍头），较简单的可只在下部设箍头。上、下箍头之间多不设盒子，直接绘制纹饰，极少情况下也可设盒子。

柱头的上箍头固定为青色、下箍头为绿色，柱头内多绘旋花图案、旋花外的空当处画栀花。如有盒子，图案应与梁枋盒子图案相同。（见图 143）

青箍头

旋花

栀花

绿箍头

图 143　柱头旋子彩画

③苏式彩画。

在最上端设一条樟丹色的色带，并用墨线勾画花纹（做切活）；色带以下的部分设上、下箍头。

箍头底色以青、绿为主：绿柱子用青箍头，红柱子用绿箍头。箍头内的图案与梁枋的箍头图案形式相同。（见图 144）

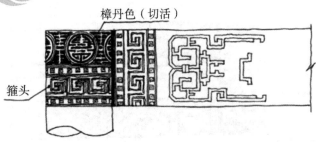

图 144　柱头苏式彩画

（2）梁（柁）头彩画。

①和玺彩画。

梁（柁）头的正面，侧面和底面均涂刷绿色，带斗栱的挑尖梁，正面、侧面和底面除涂绿色外其四周做金线（金大边），中间压老。

普通的梁头、正面、侧面和底面可与檩、枋箍头上的盒子及岔角图案相同。（见图 145、图 146）

（a）挑尖梁正立面　　　　　　　　（b）挑尖梁侧立面

图 145　挑尖梁立面

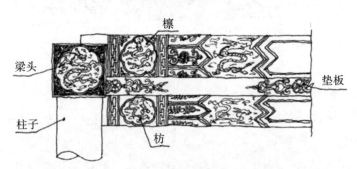

图 146　普通梁头与檩枋箍头的盒子图案相同

②旋子彩画。

梁（柁）头的正面、侧面和底面均涂刷绿色。带斗栱的挑尖梁头涂绿色，在正面、侧面和底面的四周做金线（金大边）或做黑边（黑大边），中间压老。

普通的梁头，正面、侧面和底面均画旋花图案，四角空当处画栀花，图案绘制的等级工艺做法与梁枋彩画相同。（见图147）

图 147　普通梁头均画旋花图案，四角空当处画栀花

③苏式彩画。

柁头可画博古、花卉、洋抹山水。柁头帮及底面用青色衬底，画作染花卉、灵仙祝（竹）寿、方格锦配汉瓦等；用青色或紫色衬底，画藤萝花、竹叶梅。梁（柁）彩画的图案形式和工艺做法等级的高低与梁（柁）彩画匹配。（见图148～图150）

（a）博古　　　　　　（b）花卉　　　　　　（c）洋抹山水

图 148　柁头可绘博古、花卉、洋抹山水

图 149　柁头帮绘方格锦

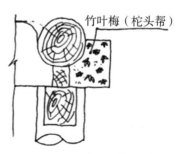

图 150　柁头帮绘竹叶梅

5）椽头彩画

（1）飞檐椽椽头。

①万字椽头、绿（油漆）底、画万字图案，有沥粉贴金万字、墨万字、切角万字等。（见图151）

②十字别椽头。

二绿（油漆）底，用黑白线条画十字别图案。（见图152）

图151　万字椽头

图152　十字别椽头

③栀花椽头。

二绿（油漆）底，画栀花图案，有片金栀花、黄栀花、墨栀花等。（见图153）

④金井玉栏杆椽头。

金井玉栏杆椽头由四个与椽头形状相同的方形组成，常见的做法是：从中往外的颜色变化，金（贴金）、绿（油漆）、细白线、金（贴金）。俗称"金边、金老、行白粉"。（见图154）

图153 栀花椽头

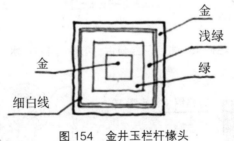

图154　金井玉栏杆椽头

⑤玉作椽头。

玉作椽头由四个与椽头形状相同的枋心组成，从中间往外的颜色变为：浅绿（油漆）、细白线、绿（油漆）。俗称："色边、色老、行白粉"。

（见图 155 ）

（2）老檐椽椽头。

①龙眼椽头。

龙眼椽头只用于圆椽头。各椽头用青（蓝）或绿色攒退，最边端的椽头用青色，从两端向按青、绿调换的方式排列。

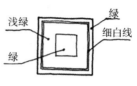

图 155 玉作椽头

贴近椽头上端画三层退晕圆圈，由外至内依次为深（青或绿）、浅（三青或三绿）、白，退晕圆圈的外缘勾墨线，中心靠上做贴金圆圈（龙眼）。（见图 156 ）

②虎眼椽头。

虎眼椽头与龙眼椽头做法相似，只是将贴金龙眼改为墨色（虎眼），也可将退晕圆圈的外缘墨线去掉。（见图 157 ）

图 156 龙眼椽头　　　　图 157 虎眼椽头

（六）墩接柱子

1.传统墩接柱子的方法

古建筑的柱子下部糟朽，可采取墩接的方法延长木柱的寿命。在墩接过程中要将大木构件顶起提升，这样会对建筑构件、屋面瓦件有很大影响，有的需采取挑顶措施才能完成柱子墩接。

（1）巴掌榫

巴掌榫多用于小式建筑柱子墩接，墩接后正面只见横缝，竖缝在柱子两侧。（见图 158、图 159 ）

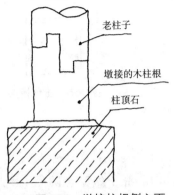

图 158 墩接柱根侧立面

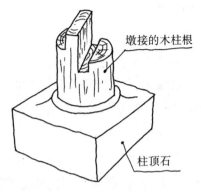

图 159 柱根巴掌榫示意图

（2）大接

大接（又称莲花瓣）是大式建筑落架后采用的墩接方法。（见图 160、图 161）

 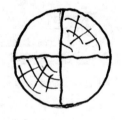

图 160 大接截面示意图

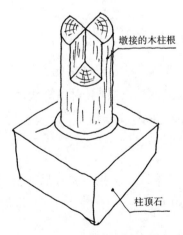

图 161 柱根大接示意图

2. 古建筑木柱墩接新法

该墩接方法不需要挑顶，不需要将建筑构架支顶起来，只需将面宽、进深方向的枋子支顶牮杆，避免下垂变形，保持建筑构件现状即可。

所墩接的新柱根分两块分别替换安装，即 1/2 新高柱墩，1/2 新矮柱墩，最后组成一个完整的柱墩。新老柱根的结合面做成 2° 的斜面，外高内低，便于安装。

（1）先将需换柱根的柱子周围的上架木构件梁枋用木板支垫起来

不挠动大木构架，可采用三根木枋按柱子的三个面进行支顶，而后在三根木枋上下设两道拉杆，使三根木枋（牮杆）形成固定的三角形体，以保证建筑物大木构架不变形，并有相应的承载力；牮杆下垫好木板并用抄手楔背紧。（见图 162）

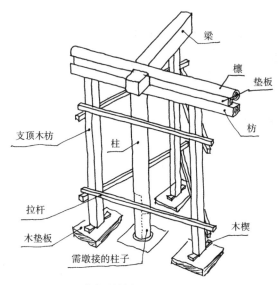

图 162　木柱墩接新法示意图

（2）截锯半个柱根

按设计墩接的尺寸位置和方向，在墩接的柱子上画出墩接截锯线，先截去需墩接的一侧半皮柱子，锯口外高内低，斜面 2°，要求锯口平整。（见图 163）

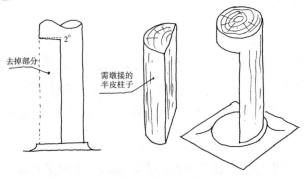

图 163　截锯半个柱根

（3）安装半皮墩接柱

按照实测在制作好的半皮墩接柱的接触面上施胶就位；上下钻孔，将新老柱用螺栓固定好，并安装上部的一道铁箍，使老柱和新柱形成一个整体。（见图 164）

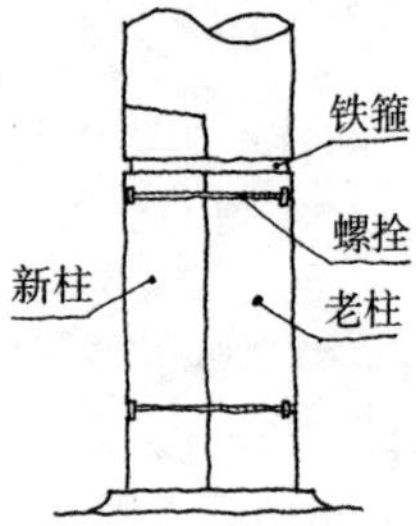

（4）截锯另半个柱根

截锯矮的另一半柱根，而后退回下部的螺栓，按实际尺寸加工另一半柱根。

将加工后的柱根安装就位，同时顺下道螺栓孔位置将新柱根打孔，穿螺栓固定，并安装下部的一道铁箍，使两个高低不同的半圆柱根形成一个整体，与老柱紧密结合，完成柱子的墩接。（见图 165）

图 164　安装半皮墩接柱

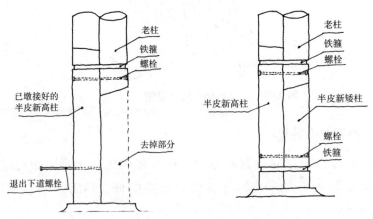

图 165　截锯另一半柱根示意图

（七）混凝土仿古建筑中油漆地仗做法

随着社会的发展，混凝土仿古建筑逐渐兴起，传统的木结构油漆地仗已不适应当前的需要。经过十几年的探索，人们在实践中总结出了"改性地仗"做法，免去了使用传统灰油、血料、油满调制复杂，材料不便购买，工序烦琐的困难。使用改性地仗具有施工方法简便、灰层强度高、不易开裂的优点，目前已广泛运用于混凝土仿古建筑。

改性地仗所使用的材料及操作工艺如下。

1. 黏结剂

（1）众霸Ⅰ型。

（2）众霸Ⅱ型。

（3）聚醋酸乙烯乳胶液。

（4）791胶。

2. 油剂、溶液

（1）生桐油。

（2）熟桐油。

（3）羧甲基纤维素溶液。

（4）汽油。

（5）氯化锌溶液。

（6）醋酸溶液、盐酸溶液。

3. 其他材料

（1）硅酸盐水泥（32.5级以上）。

（2）砖灰：①细灰；②中灰；③鱼籽灰；④籽灰。

4. 操作工艺

（1）基层处理：对混凝土表面进行清理、整理，棱角打磨等，达到木构件要求的边棱造型要求。

（2）成品保护：用纸或其他物品封护遮挡与其相邻的墙面、地面、柱顶石。

（3）涂刷界面剂，使用众霸Ⅱ型黏结剂加兑50%的清水涂刷于混凝土构件上，其浓度以干燥后表面不结膜起亮为准。

混凝土干燥后施工，如果还有些湿度，为保证工程质量，可采取防潮处理方案，使用15%~20%的氯化锌或硫酸锌加清水勾兑，搅拌均匀后涂刷数遍于混凝土构件上，干燥后除去盐碱反出物即可。

也可使用浓度为15%的醋酸溶液或浓度为5%的盐酸溶液进行中和以除盐碱，而后再用清水冲洗干净，待水干后便可进行地仗施工。

在涂刷界面剂后，如发现混凝土局部强度不足，可涂刷一遍众霸混合胶。

①将众霸Ⅰ型黏结剂掺入50%的791胶，涂刷于混凝土强度弱处。

②用以上方法仍达不到要求时，可改用众霸Ⅰ型和众霸Ⅱ型各占50%用量的混合胶，以增强黏结剂的和易性和可塑性，涂刷于混凝土强度较弱处。

（4）做捉缝灰，对混凝土构件上的缝隙、缺陷进行弥补，衬垫找规矩。

捉缝灰可使用众霸Ⅰ型黏结剂掺入50%的791胶的混合胶调制。

（5）做通灰，将前道工序经打磨清扫后，用板子做通灰，补灰、找平。

通灰调制，使用上述混合胶。

（6）操油，将前道工序经打磨清扫后可操底子油。底子油配比为生桐油：汽油=1：4，浓度以干燥后表面不结膜起亮为准。

操底子油时，应刷均匀，勿漏刷，待干后进行中灰工序。

（7）做中灰：轧中灰线、补灰找平，刮中灰、过板子。

（8）做细灰：磨中灰、找细灰、轧细灰线、溜细灰、细灰填槽等。

以上中灰、细灰的调制，均使用聚醋酸乙烯乳胶液、羧甲基纤维素溶液、光油的混合性黏结剂。

注意事项：

①羧甲基纤维素浓度为5%，稀释用的水温不应低于10℃。

②室外施工调灰用"外用乳胶液"。

③无纤维素时，可用众霸混合液。

（9）钻生：钻生桐油、擦去浮油、钻透、勿挂甲。

（10）清理：闷水，揭去成品保护纸，清理边角，打扫墙面、地面。

5. 灰料配比

（1）捉缝灰——众霸混合胶：籽灰：鱼籽灰：水泥 =2：1：1：3。

（2）通灰——众霸混合胶：鱼籽灰：水泥 =2：2：3。

（3）轧中灰线——鱼籽灰：中灰：纤维素：乳胶液：光油 =1.2：2.5：2.5：1：0.6。

（4）中灰——鱼籽灰：中灰：纤维素：乳胶液：光油 =1：2.5：2.5：1：0.5。

（5）轧细灰线——细灰：纤维素：乳胶液：光油 =5：2.5：1：0.5。

（6）细灰——细灰：纤维素：乳胶液：光油 =4.8：2.5：1：0.5。

中国古建筑

三、中国古建筑修缮工程实例

中国古建筑

（一）北京城东南角楼修缮工程

东南角楼是北京内城仅存的一个相对完整的历史性重要标志。（见图166～图168）当年修地铁时，东南角楼本在拆除计划之内，由于城墙根内外均为北京站列车员的临时休息场所，不便于拆除，加上同属一个系统，由铁路局统管，于是地铁绕道行驶，无意中保留下了可贵的角楼。

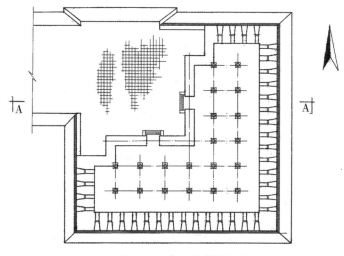

图166　东南角楼平面图

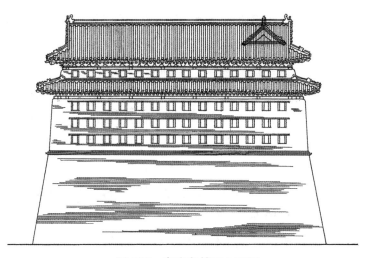

图167　东南角楼南立面图

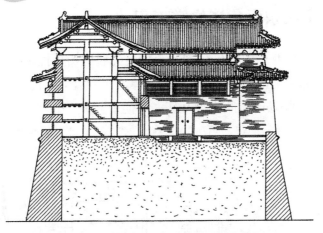

图 168 东南角楼北立面 A-A 剖立面图

　　东南角楼因常年无人管理，年久失修，屋面瓦件破损，吸收雨水，渗透泥背，滋生苔藓、杂草，甚至长出小树，造成瓦件开裂，漏雨现象严重，致使屋面局部坍塌、翼角下垂，椽望糟朽。由于桁檩额枋弯曲下垂，造成斗栱随之变形，角科斗栱构件被压弯或折断，坐斗劈裂变形，昂嘴构件缺失，正心枋、拽枋弯曲变形，垫栱板、盖斗板糟朽、残损缺失。在提高文物保护意识，保护京城文物古迹的形势下，北京市政府将修缮角楼的计划列入首位，于 1982 年 9 月正式开工，进行角楼屋面挑顶大修，于 1983 年 11 月竣工。

　　为了满足施工要求及防火要求，东南角楼修缮工程使用的脚手架一改传统杉篙架子，使用了钢管架子。根据修缮工程的特点，角楼三面需搭设探海架子。为满足施工要求，屋面瓦件拆卸、安装、斗栱修复、安装挑檐桁、椽望等，需搭设双排承重齐檐架子，油漆彩画施工时再改装双排油活椽望架子，并要求架子钢管与瓦面接触的部分用麻布类织物垫好，避免碰坏瓦檐。

　　屋面瓦件拆除时，为了安全及操作方便，需在坡屋面上纵向放置大板，并钉好踏步条，操作时随工作进度移动。拆卸瓦件时，先拆揭沟滴筒瓦，然后再揭底瓦和垂脊、戗脊，最后拆除大脊。拆下的瓦件、吻兽、垂兽、小跑分类存放，并挑出残损件，统计出需补充的瓦件数量、名称、规格。

瓦件拆除后，将原有灰背、泥背、垫层全部铲除，清除糟朽的椽望、连檐、瓦口，进一步检查大木构件损坏程度，并做详细记录，统计出角梁、翘飞、挑檐桁、正心枋、拽枋、垫栱板、盖斗板及斗栱构件的损坏数量、规格和名称，为制作加工构件提供依据，同时上报北京市文物局备案。

斗栱修缮时，所添配的构件昂嘴、耍头、翘头，严格按原有斗栱的尺寸式样套样板进行制作加工，以保持原样。挑檐桁大部分更换，正心桁局部更换，椽子60%更换，望板全部更换。屋面按传统工艺做法，抹护板灰、苫两遍泥背、一遍灰背、一遍青灰背，铺底瓦、捉节夹垄，调大脊，按吻兽等。

角楼室内地面方砖残损不一，较好的部位采取剔凿挖补零星添配的细墁地面，操作方法是将残破的方砖用工具剔凿干净，然后按其规格重新砍制方砖，照原样墁好。还有一部分地面方砖风化残损、凹陷下降，则采取局部揭墁的施工方法，揭墁之前要按砖趟编号，拆揭时完整的方砖要保护好棱角继续使用，并清理砖底部和砖肋上的灰泥。对不能用的砖要按旧砖的尺寸规格重新砍制。墁砖前要对垫层下沉的部位填平夯实，墁砖时重新铺灰、揭墁和坐浆。新墁的砖要用蹾锤以四周旧砖为准找平、找正，并使缝子的大小与原地面相同。新墁的地面最后钻生交工，其他未揭墁的方砖地面也一起钻生，进一步养护。

东南角楼至崇文门仅存的一段城墙残损严重，外檐跺口和内檐的女儿墙早已不复存在，墙面的城砖也风化酥碱脱落，甚至仅剩夯土。但东南角楼的修缮范围仅限于角楼近段部分城墙的修复。

角楼城墙属防御性城墙，外檐跺口为矩形，跺口下实墙部分砌有方形瞭望洞，跺口宽度以能并排遮掩两个人为标准，高度为一人高；内檐为实砖女儿墙，高度以不超过人体肩部为原则，女儿墙上砌一层方砖砍制的砖檐，砖檐之上同样是方砖砍制的兀脊砖，兀脊砖之上再扣脊筒瓦。

若墙体相对完好，仅局部城墙风化酥碱，则采取剔凿挖补方法，用錾子将需要修复的旧砖剔掉，按原砖的尺寸规格补砌。城砖加工时，按城墙收分的大小砍出梯形坡状的"倒切"砖，用带刀灰砌筑修补。城墙上边的地面砖采用城砖糙墁做法。

（二）智慧海建筑修缮工程

1983 年，随着人们对文物建筑保护意识的提高，在北京政府的关注下，由北京文物局普查监督管理，园林局积极参与，由北京市朝联古建筑工程修缮总公司对损坏严重的智慧海进行修缮。

智慧海是颐和园万寿山顶上最高的一座建筑（见图 169），与佛香阁构成前山上半部的主体景观。佛香阁在前，智慧海在后，高高耸立，相互映照，是一组整体规模宏大的佛教建筑。

图 169　颐和园智慧海南立面图

"智慧海"一名来自《无量寿经》中的"如来智慧海，深府无涯底"。"智慧海"三字嵌于该殿南面，殿北三字则是"吉祥云"。

智慧海前面还有一座重要的四柱七楼琉璃牌楼，牌楼前额三字为"众香界"，后额三字为"抵树林"，与智慧海建筑的前后殿额三字连读，即成佛家偈语"众香界、抵树林、智慧海、吉祥云"，意为这里是佛居住的地方。

智慧海佛殿内供奉着观音菩萨、文殊菩萨、普贤菩萨及其他众菩萨，这些菩萨均为清漪园时期旧物，佛殿的外壁嵌有 1110 尊无量寿佛。

清漪园是颐和园的前身，在金、元时期，万寿山称为瓮山，昆明湖称为瓮山泊。乾隆十五年（1750），乾隆皇帝亲自指导设计，大兴土木，在瓮山圆净寺旧址上建起大报恩延寿寺，将瓮山改为万寿山，将瓮山泊（明时为西湖）改为昆明湖，并将万寿山、昆明湖景区命名为清漪园，成了大型皇家园林。

1860年，英法联军入侵，大肆洗劫，清漪园遭到破坏。1885年，慈禧太后对毁坏的清漪园进行修复，并将清漪园改名为颐和园。

1890年，颐和园再次遭到八国联军的破坏，1902年慈禧再次修缮颐和园，形成了今天的规模。

20世纪60年代，颐和园的又因"破四旧"遭到破坏，其中，万寿山顶的智慧海破坏严重。

智慧海的建筑由于年久失修，屋面瓦件毁坏漏雨，部分琉璃挂件残损脱落，木门窗糟朽变形，除自然损坏外，还有"文化大革命"时期的人为破坏，智慧海建筑的四壁1110尊无量寿佛，凡是能够得着的统统被砸毁，屋面正脊的喇嘛塔、吻兽，垂脊的垂兽及琉璃斗栱也被砸毁。

智慧海的建筑是一座重檐歇山五开间的五色琉璃佛殿，是由砖石发券纵横相间构筑而成的，没有梁架构件承重的建筑，俗称无梁殿。

智慧海的建筑外形，采用影壁的做法，基础露明部分为石材须弥座，包括二层在围脊之上也安装须弥座。每间的琉璃枋木柱的下端安装马蹄磉，意为柱顶石，并坐落在须弥座上，两柱间除了门窗均安放无量寿琉璃佛像。一层为石券门，二层为石券窗。琉璃大额枋、小额枋均为仿旋子彩画做法。座斗枋上是装饰性的五彩琉璃斗栱。屋面为黄琉璃瓦，正脊两端是吻兽，脊中分布三座喇叭塔，相间处有高低起伏的山野、云龙、人物琉璃装饰件，为了与正脊相呼应，垂脊也是高低起伏的云龙造型的琉璃装饰件，围脊、戗脊均为传统做法，垂兽前为小跑，兽后为陡板。

智慧海琉璃佛殿与其他古建筑修缮有所不同，除对整体建筑结构自然损坏程度确定修缮方案外，还要对屋面正脊、垂脊、喇叭塔、瓦件、屋檐斗栱、墙身大小额枋、柱、马蹄磉及无量寿佛进行普查、统计，确定规格尺寸及所需数量，交由琉璃厂量身定做。

施工时，先拆卸屋面正脊、垂脊琉璃件，揭瓦铲除灰背、泥背，处理无梁殿砖体裂缝，摘砌局部墙体；剔凿损坏的琉璃构件、琉璃佛像。按传统做法，将屋面重新苫背瓦，调大脊，旧瓦经审瓦合格后继续使用，不足的用新瓦补齐并用于后坡，补齐正脊特殊琉璃件、喇叭塔、垂脊构件，更换部分五踩琉璃斗栱，重新稳装无量寿佛像，更换券门券窗，顺利完成文物建筑的修缮任务。

（三）大钟寺修缮工程

坐落在北三环西路的大钟寺，原名觉生寺，始建于雍正十一年（1733），为皇家寺庙。寺中因有口大钟，故称大钟寺。（见图170）

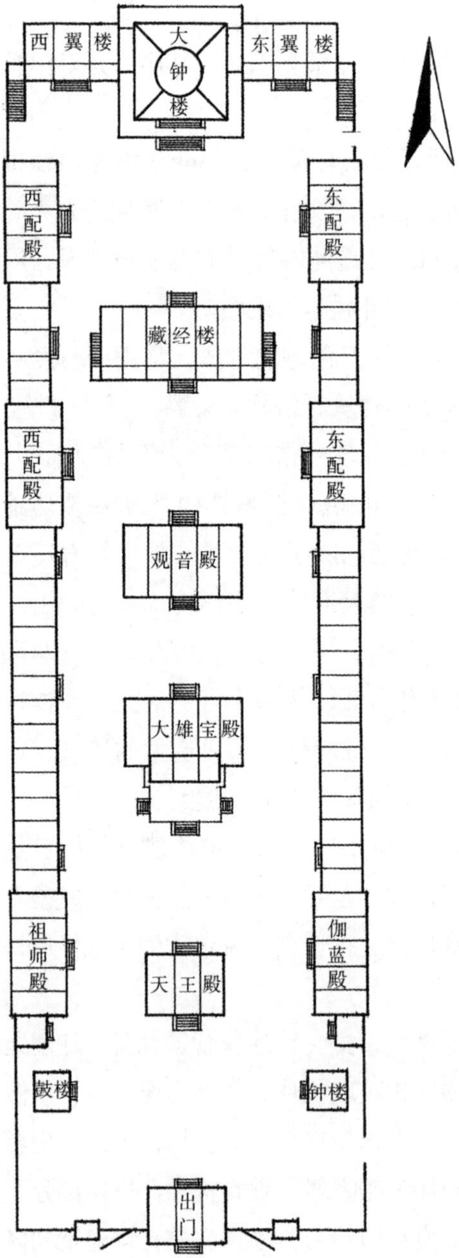

大钟为华严钟，钟体内外壁上铸满经书、佛号、咒语，其中有《法华经》《金刚经》《心经》《佛顶世尊如来菩萨尊者神僧名经》《护国陀罗尼经》《佛说阿弥陀佛经》《诸佛世尊如来菩萨尊者神僧名经》七部，另有汉文经咒九项，梵文经咒百余项，共计23万字。

华严钟在明代悬挂于万寿寺，因该寺处于京城西方白虎位，不宜有钟声扰动，故将华严钟埋于地下。雍正十一年（1733）敕建觉生寺时，和硕庄亲王奏请，将埋于地下的华严钟移至觉生寺，并按金、木、水、火、土五行相生原则增建第五进院，达到土生金的目的，即在藏经楼北端兴建特殊构造的天圆地方的大钟楼，将华严钟悬挂于钟楼内。

觉生寺作为皇家寺庙，凡遇帝王的祭祀活动、祈雨拜天活动或释门法事活动及俗世间的年节活动，便会钟声回荡，佛乐齐奏，是京城最负盛名的寺庙，也因此被人们称

图 170　大钟寺平面图

为大钟寺。

随着清王朝的衰亡，民国时期，寺庙的宗教活动减少，宗教祭祀已被废除，寺庙也由行使神权的皇家祈雨场所进入平民生活，寺庙的经济来源获利于寺外的菜园。但遇年荒，寺内僧人生活难以维持，只得四散，觉生寺的香火也渐衰，寺内佛像被盗，文物失散殆尽，寺内建筑也年久失修，殿堂屋面漏雨、墙体坍塌。

中华人民共和国成立后，觉生寺内，除大钟楼外，其余院落的房屋殿宇经简易修复，均被北京第二食品厂占用，成为生产果脯、汽水和其他食品的车间。

1980年，北京市政府批准成立大钟寺文物保护所，组调人员进驻觉生寺第五进院落，即大钟楼区域，开展古钟文物的保护、研究、整理工作。1982年10月到1983年5月，对大钟楼及其配楼进行修缮，将经过整理的文物布置陈列展览，对外开放。

1984年，经北京市政府批准，在原文物保管所的基础上，成了大钟寺古钟博物馆。

1985年3月，两会期间，部分全国人大代表到新开展的大钟寺古钟博物馆视察，感慨万千，对博物馆的工作人员在短暂时间里、在有限的空间里为保护古钟文化遗产做出的贡献表示惊叹，又为由于场地狭窄，许多古钟散落在露天场地而感到惋惜，代表们一致呼吁将食品厂占用的场地腾退出来，还觉生寺一个完整的原貌，更好地保护古钟文化遗产。

1985年10月，经北京市政府协调，工厂搬迁，同时成立大钟寺修缮委员会，对寺内所有文物及古建筑进行修缮。1996年，大钟寺被国务院公布为第四批全国重点文物保护单位。

大钟楼是功能性建筑，为特殊的重檐建筑形式。大钟楼的下层是方形，上层是圆形，有天圆地方之寓意。（见图171、图172）

图 171　大钟楼鸟瞰图

图 172　大钟楼及东、西翼楼正立面图

　　大钟楼建在七级踏跺的台基上，周边为汉白玉石栏板，钟楼台明为五级踏跺高。钟楼下层方形建筑为四面坡屋顶，四条围脊中央为二层圆形建筑，攒尖屋面，上有宝顶，设十二条垂脊，分别安装垂兽及五个狮马兽。

　　大钟楼下层为三开间，明间外装修，为带帘架隔扇，次间为槛墙隔扇，两山为龟背角柱，红墙上身，下碱为大亭泥干摆，墙身顶部出一层拔檐，签尖堆顶做法。上层圆形建筑外装修，十二个柱间均安装隔扇，隔扇下端安装圆形三幅云挂檐板。

东西配楼为二层硬山建筑，筒瓦过垄脊屋面，披水檐，砖博缝，五出五进山墙做法。二层前廊安装寻杖栏杆及倒挂楣子，山墙开设吉门通往室外楼梯，室外楼梯踏跺两侧为宇墙，一层拔檐，上扣脊瓦。配楼为三开间、明间安装隔扇，次间为槛墙隔扇。

自1980年成立大钟寺文物保护所，除对文物古钟进行保护、研究、整理外，还对大钟楼的建筑进行普查，确定修缮方案。

大钟楼由于年久失修，屋面漏雨，造成椽望糟朽、檐口变形下垂，屋面垂脊残损，小兽残损严重，挂檐板糟朽，两山墙体酥碱，红墙抹灰脱落，阶条石、垂带石部分残损严重，室内外方砖地面酥碱残损严重、凹陷不平。门窗槛框部分损坏严重，隔扇、槛窗变形，部分一斗二升交麻叶斗栱构件糟朽。

经普查，确定大钟楼挑顶大修施工方案，于1982年10月由北京市朝联古建筑工程修缮总公司承接修缮工程任务。

挑顶大修主要工程项目：屋面揭瓦、敲击筛选，清理备用，保留原有宝顶砖构件、围脊的合角吻，补齐垂兽、狮马兽，铲除灰背、泥背，更换糟朽的木椽、望板、挂檐板，一斗二升交麻叶斗栱。拆除的山墙更换新砖，按原做法，山墙下碱为大亭泥三顺一丁干摆做法，上身为抹灰红墙做法。更换台明残损风化严重的阶条石、垂带石、踏跺石，更换新砖，按原做法砌筑亭泥砖、丝缝十字缝槛墙，外装修，保留原有槛框，更换部分隔扇，按原规格补配室内尺四方砖地面，更换室外台基方砖。

油漆做法，大木及槛框采用传统一麻五灰地仗，门窗椽望采用三道灰地仗，钻生后，三遍漆成活。

彩画做法，为墨线小点金旋子彩画，椽头为万字、百花图案。

大钟楼的修缮工程于1983年5月竣工，为大钟寺文物保护所对外开放做出了应有的贡献。

（四）文天祥祠修缮工程

位于北京市东城区府学胡同 63 号的文天祥祠（文丞相祠），由于年久失修，又经"文化大革命"时期的破坏，建筑物损毁严重，屋面漏雨，墙体灰浆粉化鼓肚、开裂歪闪，椽望及外装修门窗糟朽，室内地面方砖破碎凹陷，屋面吻兽、小跑砸碎。经有关部门决定，由北京市文物局监督管理，安排北京市朝联古建筑工程修缮总公司对文天祥祠进行挑顶落架大修。于1984 年开工，1985 年 4 月竣工。

文天祥祠是为纪念南宋时期著名民族英雄和爱国诗人文天祥而建的。明洪武九年（1376）由按察司副使刘崧主持，在文天祥就义和被囚地附近修建祠堂，明永乐六年（1408）正式列入祀典。明宣德、万历，清嘉庆、道光以及民国期间均有修葺。

文天祥，1236 年出生于江西庐陵（今吉安市），1256 年临安（今杭州）应试，中状元；1259 年至 1274年宦海沉浮 15 年，曾任秘书省正字，礼部郎官，出知宁国府（今安徽宣城），任湖南提刑，知赣州（江西赣州）等。1275 年在江西起兵勤王，率兵入卫京师。1276 年被任命为右丞相兼枢密使，出使元营，与元军统帅谈判于皋亭山遭拘押，后至镇江走脱。1279 年南宋末年率兵奋力抗元，在广东海丰五坡岭被俘，解至元大都（今北京），囚于兵马司土牢。1283 年被杀，就义于大都柴市，卒年 47 岁。

文天祥祠坐北朝南，仅有两进院，北房各三间（见图 173~图

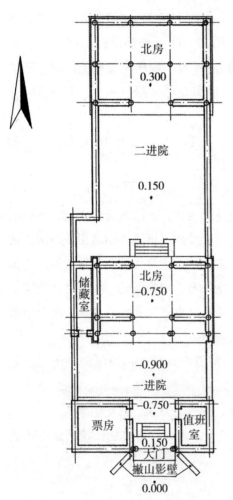

北房
0.300

二进院

0.150

储藏室

北房
-0.750

-0.900

一进院

-0.750

票房

值班室

0.150

天门

撤山影壁

0.000

图 173　文天祥祠平面示意图

175），占地面积600余平方米，大门为担梁式垂花门（见图176），两侧有撇山影壁。影壁层面为清水脊、10号筒瓦，冰盘檐。影壁身为带撞头小亭泥丝缝做法，方砖心，方柱下脚有马蹄磉，上枋带耳子，下碱为二城样干摆做法。（见图177）

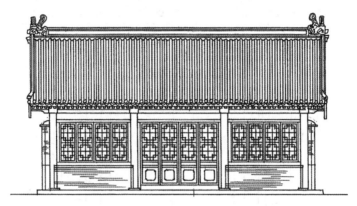

图174　文天祥祠二进院北房正立面图图

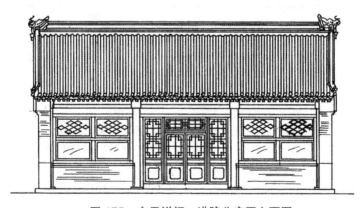

图175　文天祥祠一进院北房正立面图

一进院为硬山建筑带前廊穿堂形式，筒瓦屋面、排山脊，正脊两端为望兽，垂脊兽前安放三个狮马兽。

文天祥祠修缮方案：台明以上，挑顶落架大修，审核验证受损的大木构件，确定更换方案，筛选旧砖瓦，补充新砖瓦，更换椽望及门窗，更换屋面正吻、垂兽及小跑；室内墙面下碱恢复原十字缝淌白做法，上身白墙抹麻刀灰，并按原位将各时代文字石刻镶嵌于墙壁，恢复室内彻上露明做法，并施于旋子彩画。

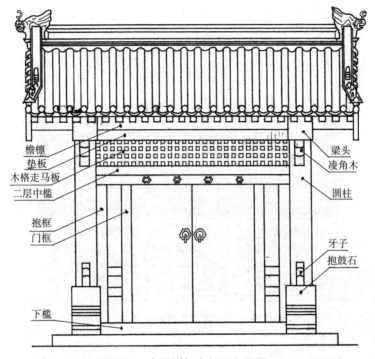

檐檩
垫板
木格走马板
二层中槛

抱框
门框

下槛

梁头
凌角木

圆柱

牙子
抱鼓石

图 176　文天祥祠大门正立面图

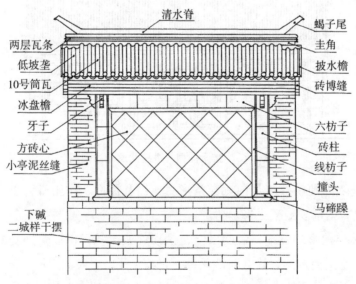

清水脊

两层瓦条
低坡垄
10号筒瓦
冰盘檐
牙子
方砖心
小亭泥丝缝

下碱
二城样干摆

蝎子尾
圭角
披水檐
砖博缝

六枋子
砖柱
线枋子
撞头
马碲蹂

图 177　文天祥祠门前撇山（一字）影壁正立面图

（五）龙潭湖双亭桥工程

1.龙潭湖的构成

北京曾是一片河网纵横、溪流交错的水乡，按《水经注》一书的记载，京城古水道发源于今紫竹院湖中的平地泉，到了元代，为了扩大漕运能力，由郭守敬主持开凿通惠河，将昌平的白浮泉水引入翁山泊，即今日的颐和园昆明湖，同时将金时开凿长河引进的玉泉山水一同引进高粱河。河水从元大都的和义门（西直门）北水关入城，注入积水潭、太液池，供皇家苑囿及宫廷用水，并逐渐形成金水河水系，其下游经崇文门向东汇入通惠河。

明代中后期，京城扩建，修建南城，古水道上游，由高粱河入城，经三海（什刹海、北海、中南海）出内城，其中一支经虎坊桥一直到先农坛西北的一片苇塘，折向正东，横穿前门大街，并在河道上建设石桥。此桥是明清两代皇帝去天坛祭天的必经之路，故称天桥。水道被天桥分为左右两部分，民间传说正阳门是龙头，天桥是龙鼻子，龙鼻子左右两条水道为龙须，故此河道称龙须河。龙须河沿天坛北侧经鲜鱼口、红桥绕天坛东侧注入龙潭湖，再向南流出城外（见图178）。之后继续向东南流，过十八里店至马驹桥以南，注入永定河故道，约相当于今凉水河河道。

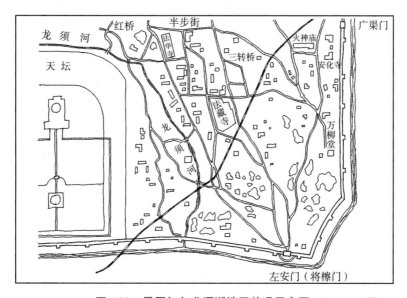

图 178　民国初年龙潭湖地区状况示意图

明清时期南城的坑塘、沟渠很多，每逢雨季，这里的水道会到处疏导、排泄、积水，由于地势的原因，积水逐渐形成了东西两侧的大片沼泽地带，西侧的湖沼叫野凫潭，即今天的陶然亭水域，东侧的湖沼就是今天的龙潭湖水域，因此水源来自上游的龙须河，故称龙潭湖。

南城自来人烟稀少，水潭芦苇丛生，偏僻荒凉，并有许多窑坑，如潘家窑、吕家窑。中华人民共和国成立后，于1952年开始疏挖整治，将不规则的沟渠窑坑整理出三个人工湖，即左安门大街以东为东湖，以西至铁道为中湖，铁道以西为西湖。

20世纪80年代将西湖修建成游乐园，东西两湖修建成龙潭湖公园。（见图179）园内水域宽广，建有亭台楼阁、假山喷泉、石桥、廊桥、亭桥各异，道路蜿蜒流畅、曲径通幽。

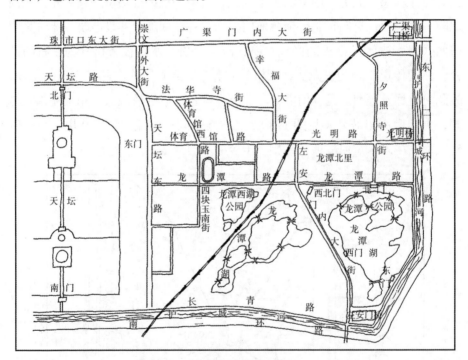

图 179　龙潭湖公园位置图

2. 龙潭湖公园双亭建筑工程

1985年，北京市朝联古建筑工程修缮总公司应邀参加龙潭湖公园的建设活动，先后完成多处园林景观建设项目，其中就有双亭桥（见图180）。

双亭桥又称姊妹桥，现名双星桥。

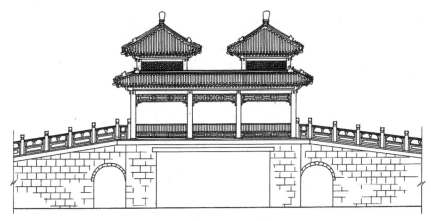

图 180　龙潭湖公园双亭桥正立面图

双亭桥是在三孔桥上建单围柱重檐四角组合亭，它由两个重檐攒尖方亭组成，方亭的下檐在柱头部分安装通连的檩、垫、枋，形成下层檐围合框架，上层檐则分别按单一方亭采用"抹角梁法"组成上层构架，连接两亭的中间部位则按盝顶做法完成，使双亭有机地结合，颇具特色。因双亭建在石桥上，为保证游人的安全，双亭的柱间下端安装鹅项凳，供游人靠坐小憩。

双亭油漆彩画采用传统做法，一麻五灰地仗，三遍漆成活，绘制苏式彩画。

（六）羲和雅居仿古建工程

羲和雅居仿古建工程，位于朝阳区日坛公园内东北隅，由日坛公园华阳公司投资兴建，在园内提供餐饮服务。该工程于 1984 年 11 月开工，1985 年 12 月竣工，1986 年 2 月验收后投入使用。

羲和雅居建筑工程依据日坛公园华阳公司的要求，由施工单位自行设计、施工。依据批示的建筑位置和建筑面积，羲和雅居为临街曲尺形式二层带外廊盝顶仿古建筑（见图 181、图 182）。按照抗震要求，在传统砖木结构的基础上，增加钢筋混凝土圈梁，并配备现代设施，如采暖、给排水、卫生设备及电气设备等。

图 181　羲和雅居西立面图

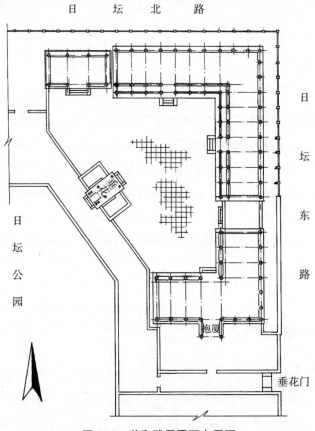

图 182　羲和雅居平面布置图

　　基础主要施工方法：条形砖基础加钢筋混凝土地梁，并配有暖气沟。屋面形式，由于高度的限制，将原来的庑殿屋面改为盝顶形式，盝顶大脊四角安装合角吻，屋檐四角保留庑殿翼角做法，垂脊安装垂兽及狮马小跑，平屋顶部分采用现代高分子卷材防水做法，屋面瓦为 2 号筒瓦，台明的阶条石、埋头石、垂带踏跺及角柱石均采用青白石剁斧做法。墙身采用兰四丁三顺一丁淌白做法，墙身顶部出拔檐一层做签尖堆顶。前檐外装修，为夹门窗及支摘窗玻璃屉形式，心屉为套方，槛墙为兰四丁十字缝做法。外廊栏杆依甲方要求，设计为较透的万字锦图案。室内墙面、地面、顶棚及卫生间做法均采用现代建筑材料、工艺做法及规范标准进行装修。

油漆做法，大木及槛框采用传统一麻五灰地仗，门窗椽望采用三道灰地仗，钻生后，三遍漆成活。上下架大木槛框为铁红色，连檐瓦口为朱红色，椽子为"红帮绿底"做法。彩画做法，檩、垫、枋三件为苏式彩画，椽头为百花图案，滴珠板为锦地团花。

面南的建筑同样为曲尺形式，与北楼相呼应，并形成院落。建筑形式为单层歇山屋面，大脊，拐角处为合角吻，瓦为 2 号筒瓦，翼角做法，墙身由于靠园内，采用红墙签尖堆顶做法。前后檐外装修为槛墙支摘窗玻璃屉灯笼框做法，穿堂门南端明间增设抱厦，通往南小院，并设外界出入口，通往东垂花门。

建筑的西面则是面向园内的斜向院墙。采用红墙什锦窗瓦 10 号筒瓦做法，并增设一殿一卷垂花门。

庭院地面，建筑四周为二城样砖褥子面条形散水，传统方砖甬路及海墁地面。

（七）戒台寺伽蓝殿修缮工程

北京名刹戒台寺始建于隋代开皇年间，至今已有 1400 余年。戒台寺原名慧聚寺，明代更名为万寿寺，因寺内有佛教的戒坛，可授佛门菩萨戒，民间称之为戒坛寺或戒台寺。

戒台寺位于门头沟区南部偏东，交界于丰台区的石佛村，早年间，丰台、房山地区的老百姓到戒台寺烧香拜佛，要从丰台区大灰厂开始登山，走很远的路才能到达石佛村，进入戒台寺。（见图 183）

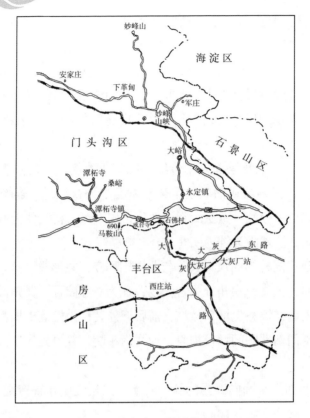

图 183　戒台寺石佛村位置图

石佛村的山崖上散布着摩崖造像，现存造像 15 龛 17 尊，自北而南依

图 184　石佛村摩崖造像

次排列，其造像各异，比例较匀称，雕刻技法也较为精湛，与其他地方的明代石窟摩崖造像略有不同，是北京地区明代佛像的雕刻艺术品。据考证，该造像于明代天顺年间开凿，到万历年间完成。（见图 184）

其造像题材有释迦牟尼佛、阿弥陀佛、药师佛、文殊菩萨、普贤菩萨、观音菩萨、地藏菩萨，还有罗汉和道教造像。佛龛有圆形、弧顶长方形，佛座有仰莲座、长方形金刚座。根据造像的

风格及雕刻技法，可断定石佛村的摩崖造像是分三个时期雕刻完成的：一期造像面相丰润清秀，佛像大耳细长，衣褶简洁、刀法圆润流畅、莲花精细规整，为圆形龛。二期造像面相丰满方颐，大耳比一期宽短，衣褶比一期烦琐，刀法粗犷有力，莲花没有一期精细规整。三期为道教造像，雕刻粗糙，显得臃肿，比例略有失调，刀法也不流畅。

石佛村的造像未见纪年题刻，但根据九号龛左侧题刻中"京都青塔寺比丘成玉造"来寻访青塔寺，经查《宛署杂记》青塔寺条，推知造像开凿于明代天顺年间，到万历年间完成。目前，石佛村摩崖造像被列为县级文物保护单位。

穿过石佛村，在村西的端头呈现眼前的是一座坐西朝东的汉白玉石料堑雕的仿木结构两柱单间石牌楼（见图185），始建于明万历二十七年（1599），清光绪十八年（1892）重修。屋面为歇山形式，有正脊、垂脊、戗脊，分别有吻兽、垂兽及狮马小跑。檐下为平身科单翘重昂七踩斗栱四攒，四角为单翘重昂七踩角科斗栱，

图185　戒台寺东石佛村西二柱石牌楼

座斗下为莲花座，每攒斗栱之间的灶火门处分别雕有佛像。每科斗栱上面的"宝瓶"老角梁、仔角梁以至檐椽、飞檐、滴子、瓦当等石构件都与砖木结构的牌楼别无两样，并施绘旋子彩画。

石牌楼东面的大额枋上雕有一佛二菩萨和两个手执长柄香薰的供养菩萨、两个手持佛引的供养菩萨，垫板中心有楷书"永镇皇图"浅浮雕四字，小额枋上雕刻两行龙戏珠图案，两端雕饰佛入宝图案。

石牌楼西面的大额枋上雕有三世佛和阿难、迦叶二弟子，两边饰菩提树，垫板中心有楷书"抵圆真镜"四个浅浮雕大字，小额枋上的图案与东面图案一样。

石牌楼东面的柱子刻有浮雕楷书对联，上联为"星海空澄广映无边诸

佛地"，下联为"日轮星鉴大明洪护梵王家"。小额枋与柱子交角处雕有云纹图案的雀替，雀替下雕饰力士像两尊。柱根部前后有抱鼓石。

戒台寺坐落于马鞍山上，南临房山区，由于周边地区有众多采石场，常年放炮开山，山体震动，造成寺庙伽蓝殿及其配殿的建筑基础滑坡、构架变形、墙体开裂。为此，寺庙的管理部门经多年逐级反映，经市、区政府有关部门及市文物局相关部门联合调研，确定寺庙文物建筑损坏原因，制定对周边地区采石场的整改措施，由文物部门勘查后确定抢修方案，并确定由北京市朝联古建筑工程修缮总公司完成修缮任务。

开工前的技术交底会上，市文物局文保处、工程质量监督站、文物古建设计单位均做出文物保护指示，并审核通过施工方的施工组织设计和专项施工方案。

戒台寺伽蓝殿及配殿落架大修（见图 186）工程于 1996 年 9 月正式开工。拆除时遇到了一些问题，在揭瓦时，发现筒瓦规格不统一、有大有小，既有 2 号瓦也有 3 号瓦；正脊两端的吻兽形状大小也略有差异；墙体砌筑采用现代蓝机砖，一厘米灰缝砌法，排砖型式为五顺一丁；墙身下碱高度虽与角柱石一平，但砖层数是双数。针对这一表面现象，修缮单位做好记录，并留影像资料，以书面形式报于文物主管部门。经确定，吻兽大小略不一致不得更换，要原拆原装；墙体原蓝机砖更换为亭泥砖，下碱为大亭泥干摆、上身为小亭泥丝缝做法，排砖形式，将五顺一丁改为三顺一丁；将下碱砖层数追为单数。

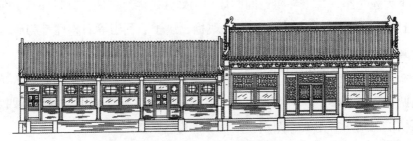

图 186 戒台寺伽兰殿及配殿正立面

在拆除台明基础时，还发现包砌台明的裂缝达 5 厘米，致使柱顶石移位、大木构架变形、墙体裂缝、屋面漏雨。根据这一现象，文物建筑设计部门按柱位做独立基础，地面以下做承台梁，使建筑基础深埋于山体，承台梁连接后又形成一个整体，即使山体再有扰动，也是整体移动。承台梁以上则是完全按传统建筑的操作程序、工艺做法施工。

（八）三眼井胡同 5 号院翻建工程

该工程位于东城区景山东街北端路东的一条东西向胡同（见图187），原为坐北朝南的一座传统民居院落。经开发商运作，由北京市古建筑设计研究所设计，翻建为二进院的四合院。其占地面积635.14平方米，建筑面积453.70平方米。为传统砖木结构，结合现代生活需要有机地溶进高级套房、车库、锅炉房。（见图188）

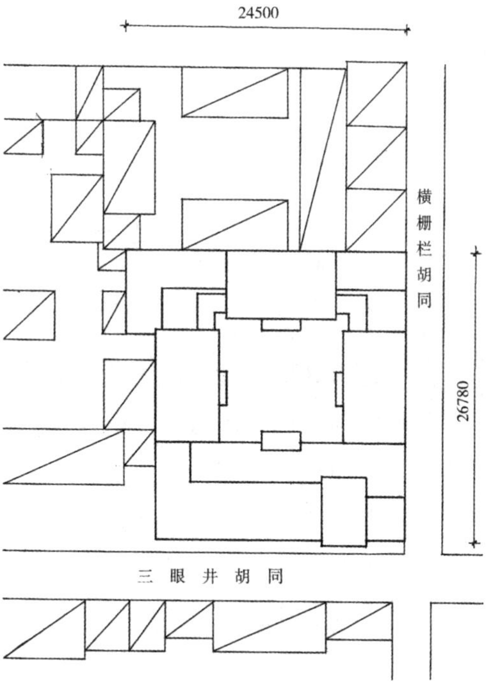

四合院大门为屋宇式金柱大门，玄关处设座山影壁，前院南倒座房西端改造为车库和司机休息室，依次为客房及传达室，东端为锅炉房，对面为厨房。

图 187　三眼井胡同 5 号院平面位置图

二道门是前后院的分隔界线，由于院落前后进深的局限，采用担梁式垂花门，以减少占地面积。二进院内北房为正房，配有东西耳房、东西厢房。正房为客厅，东西耳房改造为卧房和书房，与正房打通，连为一体。东房为餐厅，西房改造为客厅及卧房，占前院面积增设卫生间。（见图189）

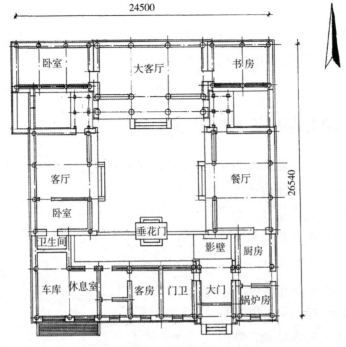

图 188　三眼井胡同 5 号院平面图

　　院内建筑基础主要做法为条形基础，钢筋混凝土地梁，并配有暖气沟。房屋结构的梁、柱、檩枋、椽望均为传统木结构形式。台明石活的阶条石、垂带踏跺、埋头石、墀头的角柱石均为青白石，墙体外皮采用大亭泥干摆，上身为小亭泥丝缝三顺一丁做法，里皮采用红机砖背里儿，屋面采用传统做法，正房为大脊铃铛排山脊、老檐出签尖堆顶做法。瓦为 2 号筒瓦。其余建筑均为筒瓦过垄脊披水檐。（见图 190）

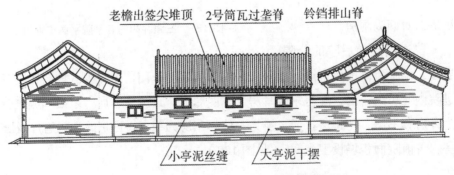

图 189　三眼井胡同 5 号院东立面图

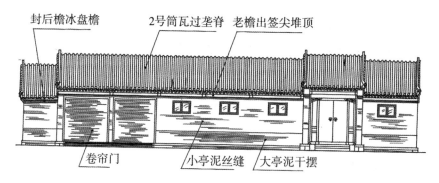

封后檐冰盘檐　　2号筒瓦过垄脊　老檐出签尖堆顶

卷帘门　　小亭泥丝缝　大亭泥干摆

图 190　三眼井胡同 5 号院南立面图

院内采用传统方砖甬路，海墁及条砖散水。

室内墙面、地面、顶棚及卫生间均采用现代装修做法。门窗装修，除车库为铝合金卷帘门外，其余为传统木隔扇及支摘窗形式，正房配有帘架。隔扇心屉为灯笼框形式。油漆做法：大木及槛框采用传统的一麻五灰地仗，三遍漆成活。上下架大木槛框、隔扇大边刷朱红色。椽子为红帮绿底做法。隔扇心屉、支摘窗及坐凳、楣子、棂条刷绿漆。彩画做法，檩垫枋三件为掐箍头搭包袱的苏式彩画，百花图椽子，倒挂楣子、棂条按青绿相间对调分色、花牙子为纠粉做法。

四合院的施工特点：由于周边相邻建筑的关系，场地窄小，需合理安排施工顺序，并做出施工部署，原则是工程量最大的先开工，由北往南陆续开工，将现有旧房屋作为临时办公用房、仓库。房屋拆除后，清理平整场地，接通水源、电源，为施工创造条件。

基础土方开挖过程中，组织各种材料依施工顺序陆续进场，并做好各种材料的试验，如水泥、砖、钢筋，砌筑砂浆、混凝土提前做好试配。对于古建砖瓦，要充分考虑到厂方供应的条件，为保证施工用砖，要做到先期订货。

基础砌筑进行的同时，适时安排石工插入施工，以保证台明柱顶石等的安装如期完成。

大木构架制作可在异地提前进行，木装修制作应在不影响大木立架的前提下进行，且应以每栋建筑为单位进行制作，安装应在屋面工程完后进行。油漆彩画应在瓦瓦完成后插入施工，可与土建划分流水段进行，并应注意相互之间的成品保护，台明的阶条石、踏跺石的安装尽量晚一些，石材制作时跺两遍斧迹，最后一遍跺斧留待临近竣工时进行；油漆彩画施工时，要用纸张将墙面及地面遮挡保护；支搭脚手架时严禁碰撞瓦面、地面、装修等。最后处理与周围民房相邻的建筑。

（九）琉璃寺胡同 24 号院翻建工程

该工程位于东城区宝钞胡同与北锣鼓巷之间（见图 191），为坐南朝北的一座传统民居院落，经开发商运作，由北京市中京建筑事务所设计，翻建为二进院的四合院。其占地面积 567 平方米，建筑面积 410.27 平方米。为传统砖木结构，并结合现代生活需要，将室内改造为高级套房，增设卫生间，增设车库及锅炉房，安装热水采暖设施。（见图 192）

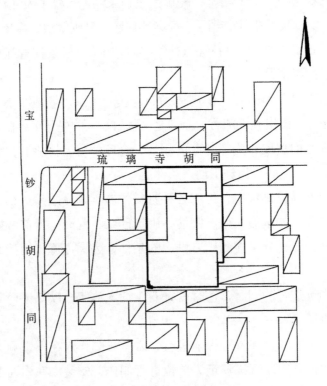

图 191　琉璃寺胡同 24 号院平面位置图

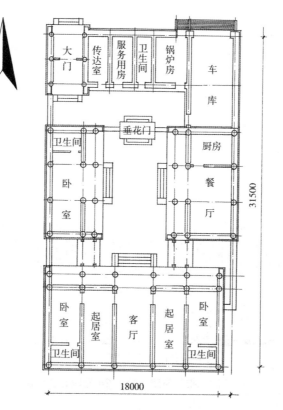

图192 琉璃寺胡同24号院平面图

四合院大门为屋宇式广亮门，其东端为车库，依次为锅炉房、服务用房、传达室及卫生间，二进院内原有三间正房及东西耳房改造为五间正房，明间为客厅，次间、稍间分别设计为东西起居室、卧室及卫生间。由于占地面积的限制，东西厢房的进深不同，这种处理方法是以正房为中心，保持东西厢房对称的视觉。由于该院的进深较小，除压缩一进院的面积，垂花门选择担梁式垂花门，院墙与东西厢墀头一齐，以起到前后院分割的作用。

屋宇式广亮门东侧的一排房，未采用传统梁枋式结构，而是采用硬山搁檩的简易方式建成。硬山搁檩的建造方式兴于20世纪五六十年代。由于木材的短缺，梁、檩、枋的木构件取消，而是在山墙、隔断墙上搁置150毫米×200毫米的木枋，代替房檩，再钉木椽望板、苦泥背、灰背、瓦瓦。从建筑结构的性质来说，它已不再是柔性结构，而是刚性结构。但建筑的外观保留了传统做法，墙身采用下碱亭泥砖干摆，上身亭泥砖丝缝做法，与传统

建筑协调一致。

院内的建筑均采用条形基础，钢筋混凝土地梁，配有半通行暖气沟，铺设采暖管道。每栋建筑的阶条石、垂带踏跺石、埋头石等均采用青白石，墙体外皮采用亭泥砖，里皮采用红机砖砌筑。下碱为干摆做法，上身为丝缝做法。屋面形式，正房为大脊、铃铛排山脊做法，其余建筑为筒瓦过垄脊、披水檐做法。院墙帽瓦为 10 号筒瓦，墙身为蓝四丁砖糙砌。（见图 193、图 194）

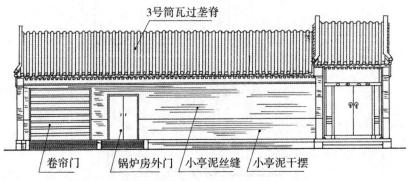

图 193　琉璃寺胡同 24 号院北立面图

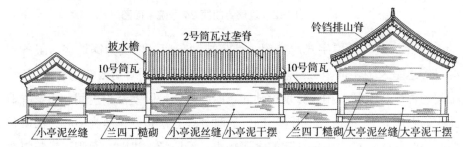

图 194　琉璃寺胡同 24 号院西立面图

室内墙面、地面、顶棚及卫生间设施均采用现代装修材料及做法。门窗装修为传统木隔扇、玻璃屉形式，隔扇心屉为套方形式。油漆彩画方面，大木槛框采用传统的一麻五灰做法，三遍漆成活。油漆颜色上，大木槛框、隔扇大边均刷铁红色，连檐瓦口刷朱红色，椽子为红帮绿底做法，彩画为掐箍头搭包袱做法。

（十）顺承郡王府迁建工程

坐落地北京市西城区赵登禹路（今太平桥大街）的顺承郡王府，于1950年8月成为全国政协机关办公地。

1994年，为改善全国政协机关的办公条件，决定兴建政协大厦，顺承郡王府异地迁建。

北京市朝联古建筑工程修缮总公司承接了顺承郡王府的迁建工程任务。

1. 顺承城郡王府的历史沿革

第一代顺承郡王爱新觉罗·勒克德浑（1619—1652）由于军功显赫，被封为"铁帽子王"是清初"八大铁帽子王"之一。勒克德浑先是在顺治元年（1644）册封为多罗贝勒，时隔4年，即顺治五年（1648）又晋封为多罗顺承郡王，世袭罔替。按照清制规定，封爵即赐府，于是便在本旗辖区内兴建王府。承顺郡王府占地面积40余亩，约合26600平方米。

顺承郡王府自顺治五年（1648）建府，到民国六年（1917）共承袭了十六位郡王。第十五位顺承郡王爱新觉罗·纳勒赫于光绪七年（1881）承袭顺承郡王，曾任鸟枪营管理大臣、阅兵大臣、镶黄旗满洲都统、禁烟大臣等职，民国六年（1917）病逝，生前无子嗣。后来选定其堂兄之子爱新觉罗·文葵过继给纳勒赫继承王爵，其成为第十六位顺承郡王。文葵虽被册封，但清朝已经灭亡，没有了俸禄，只是一个空爵位。宣统元年（1821）隆裕皇太后无力发放俸禄，文葵与摄政王载沣等众臣商议后，决定将府邸赏给个人所有，以谋生计。文葵先是将王府的房产契据抵押在东交民巷的法商东方汇理银行，作为息借贷款的偿还物，后来（1919）又将王府租给皖系军阀徐树铮，以维持生计。军阀混战时期，奉军攻入北京，皖军南逃，顺承郡王府就被奉军的汤玉麟当作战利品接收并住进王府。1924年，奉系军阀张作霖进京后看中了顺承郡王府，便把这座王府变成了大元帅府。至此，顺承郡王府主人文葵不但拿不到房租，连房产也丢掉了。无奈之下，文葵找到贝勒爷载涛，请他出面说和，并相约当时的京师警察厅督察长李达三、原摄政王载沣的管家张彬舫做中保，出价七万五千大洋将王府卖给了张作霖。1931年，张学良被国民政府任命为陆海空三军副总司令，负责东北地区、北京、天津等地防务，将顺承郡王府设为陆海空副司令的行营。

2. 顺承郡王府建筑形制略考

顺承郡王府的建筑格局是什么样子的？当今尚有几种不同说法。最有考究依据的还属 2006 年由北京市西城区政协文史资料委员会编写的《府第寻踪》一书中金城、黄继佑编写的《传承最平稳的顺承郡王府》一文中说到的王府的建筑格局。"……王府的门前是一个宽敞的院落，东西两边各有三间东西向的建筑（应是南北向建筑）筒瓦、元宝脊，居中的一间是穿堂门，两边两间是值班房。这是王府的东西'阿斯门'（满语：侧门）……"这段文字叙述了顺承郡王府门前的建筑布局。通常，王府门前都有一对石狮，故称狮子院，但顺承郡王府的门前没有石狮，虽说没有石狮，也可以按习惯将其命名为狮子院。"……和一般王府相同，顺承郡王府内部也分中、东、西三路。院落（指狮子院）北面正中是五开间的王府大门，居中三间是六扇朱漆大门（指府门为五间三开启），各有七排金漆门丁，余下两间是宿卫用房（指府门的梢间）。大门的两旁各有三间南房，各连接一段府墙，分别开一侧门。正门内两侧（指一进院东西两侧）各有一座五开间的翼楼，中央是一条高出地面两尺的甬道，直通正殿前的月台，月台南北约一丈（实测为 12 米），东西与五开间殿面等宽。月台后的正殿前后建廊，为七开间，双重檐、琉璃瓦起脊带鸱吻兽的宫殿式建筑，焚毁于八国联军侵华时，后未能全部修复（该殿为七开间、四周有回廊、室内部分为五间）。正殿后仍有甬道通二层殿，是三开间建筑，当中一间为穿堂门，殿两侧各有一段墙，各开一门，为平时通行用。二层殿西面是一道南北向的墙（没有房屋建筑）。东面有带廊东房三间，又往南有西房三开间（实为东房），居中一间是穿堂门，通东院（拆除时穿堂门早已封堵）。二殿后又有一院落，北面正中是一带廊子的七开间正殿，原为神殿，原正殿遭焚后，便以此为正殿，院东西各有带廊子的五开间配殿，正殿左右各有边墙与配殿相连，将院子格方。两边墙各开一屏风门（墙垣门）……西面有一道南北墙，有随墙门，可通西路建筑（院落）……正殿后面是一个长方院，由东西北三面墙围住，北墙正中有一屏风门通后院。后院有后罩楼七间（一书说后罩楼九间，迁建时已不存在），其中三间为佛堂，三间为库房，一间是值更宿处，再往后是王府后墙了。"

王府大门平日并不开启，大门旁边的东侧门才是供职人等进出王府的通道。从东侧门进去就是东路院落。门内东侧有东屋三间，是回事处（拆除时是五间南倒座房）。正北是一间垂花门（应是大门，可进车马）。门内是二层院，被东西北三面院墙围住，院子很空旷，常用来练习骑马。中间是一条甬路，通向北墙正中的一扇大门（应是垂花门），这是三层院的大门，来访客人的车轿须停在北门处，不得入内。三层院内东面有一道南北墙，墙南端开一随墙门，进门是一四合院，有北房三间，东房两间，是王府的厨房院。墙北端也有一门，是书房与后院的通道。院西面是一排六开间的西房，北面三间正中那间是穿堂门，院子北面有带廊子的北房五间，三明两暗，是书房。书房两山墙各开一小门（廊间吉门），门外均有一小院，各有北房三间（耳房）。东面是客房（东耳房），西面是管理人员宿舍（西耳房）。书房后是王府的小花园，院东有一间放置杂物的东房。北墙正中开有屏风门，门内院中有四棵柿子树，院北有一道垂花门，进门是左右抄手游廊，有北房五间，左右各有耳房两间。东西厢房各三间，其南边均有耳房一间（单厢耳房），最后一代顺承郡王文葵当年就住在此院。正房的东耳房后墙有一后门，通后院。后院也是四面游廊，有北房五间、东西厢房各一间，还有南房两间，为女眷和丫鬟的住所。院中间有假山、树木、花圃。假山上有亭，曰梦亭。再后就是后院墙了⋯⋯

西路建筑就是在西侧门里，由一道东西向高墙分为前后两部分，互不通行。从西侧进去，看到的是马号。院落西边是一排房屋，有车库，有马棚。北面正中是七间北房，正中一间高大而突出，供奉马神，两边的房屋是马倌和车夫宿舍。宿舍后面就是那道东西向院墙。墙后是王府的特殊用房，正殿后面的西墙有一道随墙门（指中路正殿西院墙通向西路的随墙门，即叙述中路建筑布局时的随墙门），进去是一小院，有北房三间，存放王府、宗人府及各政府机构往来文件。小院西面有一个大院，有北房七间，院中间有三间厦，是祭神用的。这是庚子年后，中路的神殿改为正殿，遂将神殿搬到这里。西后院最北面靠近北府墙有一排建筑，是王府的祠堂，七间房屋，之间没有隔断，供奉着顺承郡王的七代近祖。神殿和祠堂之间是一大空场，有三间西屋，为值班人员的宿舍。"

依据以上叙述的顺承郡王府建筑格局，复绘顺承郡王府建筑格局（见图195），以便对照迁建后的顺承郡王府现状。

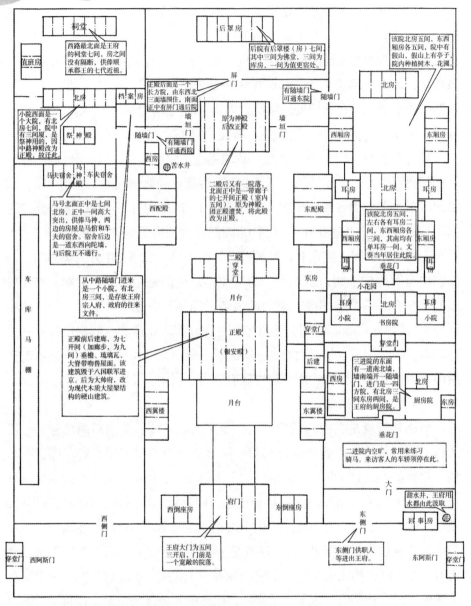

图 195 顺承郡王府建筑格局

3. 迁建前顺承郡王府建筑状况

顺承郡王府自顺治五年（1648）建府，经民国时期，成为大帅府，再经中华人民共和国成立后，成为全国政协办公地，至 1994 年迁建，共经历了 346 年。在这 300 余年的时间里，王府的建筑自然会有很大的变化，除了正常的修缮外，一些建筑毁于战火，未能复建（见图 196）。改建中，一些建筑或增或减、或封或堵，或重新划分室内格局。砖木结构的建筑，年久也会发生变化，一些房屋需挑顶更换大木构件，一些房屋需落架大修，其间，

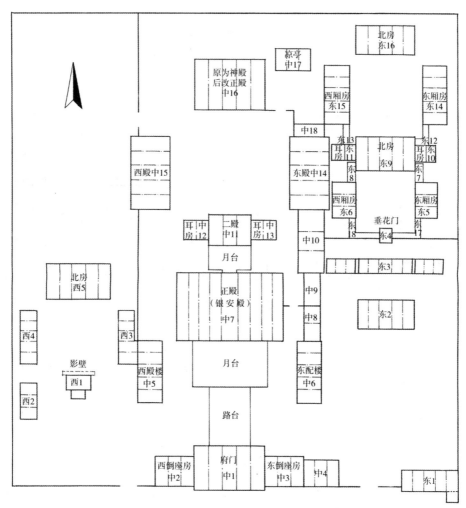

图 196　迁建前顺承郡王府建筑状况平面示意图

建筑结构、建筑材料也随不同的年代而改变，部分房屋的大木构件换成了当时流行的人字木构架；屋面瓦件因传统瓦件的短缺而采取仰瓦灰梗做法或全部更换红陶土瓦；墙体用砖也因传统亭泥砖的短缺而采用蓝机砖代替，或直

接使用红机砖,采用清水墙勾缝做法,一些建筑甚至还采用抹灰画假缝的做法;屋面的正脊、垂脊上的吻兽、垂兽及小跑,墀头上的砖雕也在"文化大革命"中损毁;房屋的外装修也由传统的木隔扇、槛窗逐渐更换成采光良好的现代玻璃窗,甚至还有当时盛行的钢门钢窗;室内方砖地面也逐渐换成了水磨石方砖地面或水泥地面。总之,传统的民族建筑风格在岁月的磨炼中失去了应有的色彩。

依据迁建的指示精神,北京市文物局建筑保护设计所于 1994 年 4 月完成顺承郡王府的建筑现状图纸绘制,完整地将现有建筑编号,绘制现状平面布置图(见图 197),迁建工作迈出了第一步。

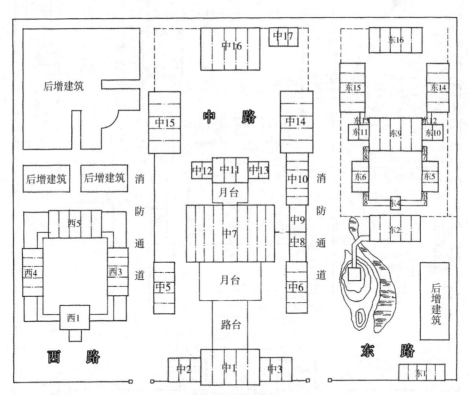

图 197　迁建后顺承郡王府建筑状况平面示意图

现叙述变化较大的王府单栋建筑。

（1）中路

①府门。

顺承郡王府的府门为五间三开启，迁建前仅一门开启，其余两门封堵，改为房间，两门的门枕石尚存（见图198）。台明高度降低了，外露仅有三步踏跺，当时勘测未见与地平相等的燕窝石，后探明为八步台阶，台明高度在1.2米左右；槛窗已改为现代玻璃窗，槛墙为蓝机砖，屋面正吻已残损，垂兽小跑已无存。室内为水泥地面。（见图199）

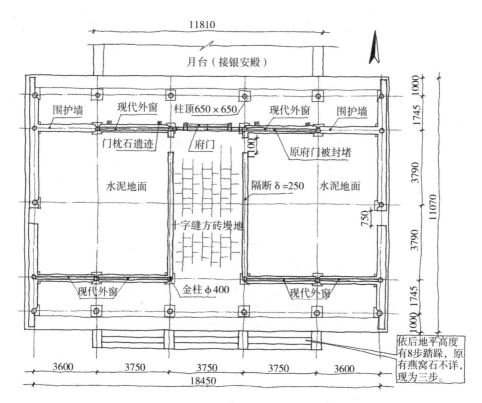

图 198　迁建前府门实测平面示意图

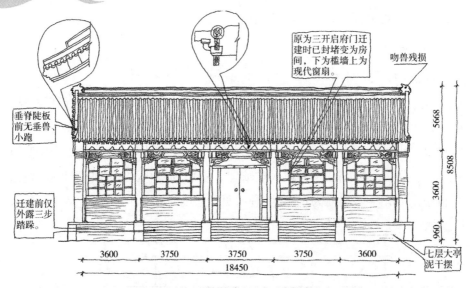

原为三开启府门迁建时已封堵变为房间，下为槛墙上为现代窗扇

吻兽残损

垂脊陡板前无垂兽小跑

迁建前仅外露三步踏跺。

七层大亭泥干摆

5668

8508

3600

960

3600   3750   3750   3750   3600

18450

图 199　迁建前府门正立面示意图

②中 2、中 3 南倒座房。

府门的东西两侧各有三间南倒座房，为硬山卷棚屋面，外装修为不同样式的现代玻璃门窗，角柱石、槛墙均为水泥抹灰做法。（见图 200、图 201）

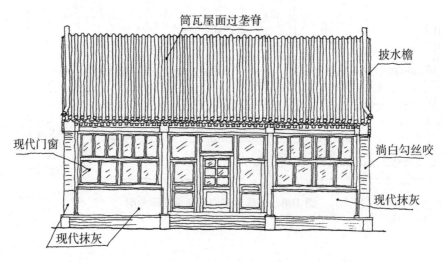

筒瓦屋面过垄脊

披水檐

现代门窗

淌白勾丝咬

现代抹灰

现代抹灰

图 200　迁建前中路（中 2）的建筑门窗状况示意图

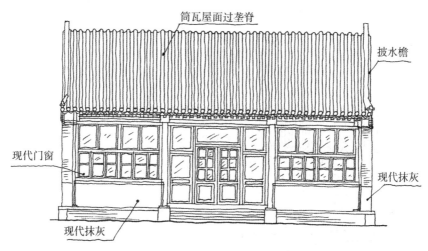

图 201 迁建前中路（中 3）的建筑门窗状况示意图

③中 4 南倒座房。

紧邻中 3 东侧的中 4 南倒座房非王府原有建筑，其建筑架构为现代人字屋架硬山建筑，外围护墙采用蓝机砖六顺一丁做法及上身抹灰做法。迁建时取消该建筑。（见图 202、图 203）

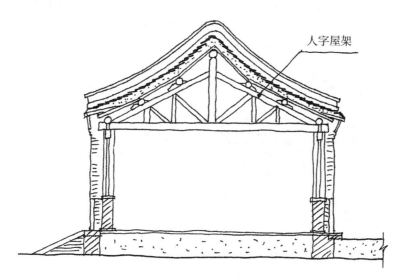

图 202 中 4 南倒座房剖面示意图

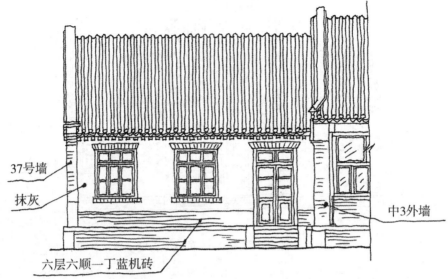

图 203　中 4 南倒座房北立面示意图

④中 7 正殿（银安殿）。

据有关资料记载，中路正殿原为七间带回廊的重檐歇山建筑（见图 204），毁于八国联军侵华。顺承郡王府成为大帅府后，其复建为民国时期流行的外墙

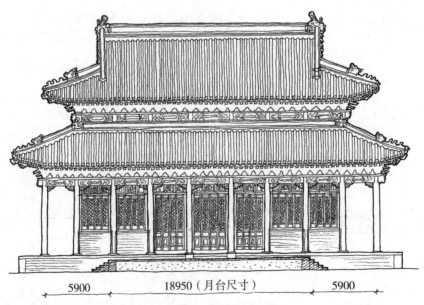

图 204　顺承郡王府大殿（银安殿）复原示意图（毁于八国联军侵华）

为西洋缝做法九间硬山建筑，其构架采用木质人字屋架（见图205），屋面正脊吻兽残损，垂兽、小跑已无存；门窗为现代玻璃窗。（见图206～图208）

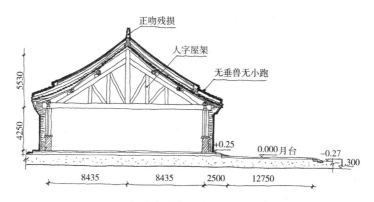

图205　大帅府时期的木质人字屋架示意图

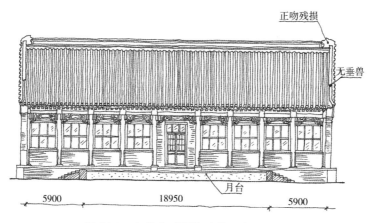

图206　大帅府时期的建筑正立面图

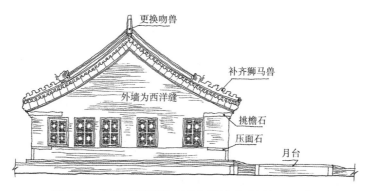

图207　大帅府时期的中路大殿迁建后侧立面示意图

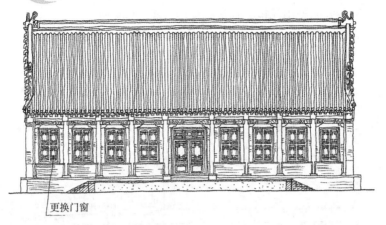

更换门窗

图 208　大帅府时期的中路大殿迁建后正立面示意图

⑤中 8、中 9 正殿东面的配房。

中 8、中 9 两编号的配房以外面的院墙和室内的隔断墙及屋面的公共简易垂脊为界线，分为两栋建筑，但又共用一个门，室内相连成一体（见图 209、图 210），其建筑构架为现代人字屋架（见图 211），硬山建筑，外围护墙为蓝机砖清水墙，屋面为仰瓦灰梗做法，外檐装修，现代简易玻璃门窗。

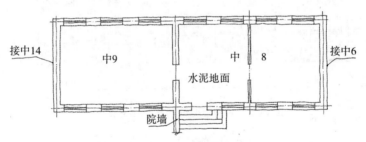

接中14　　中9　　中　8　　接中6

水泥地面

院墙

图 209　中 8、中 9 平面示意图

仰瓦灰梗屋面
人字屋架结构

现代门窗

蓝机砖

图 210　中 8、中 9 东立面示意图

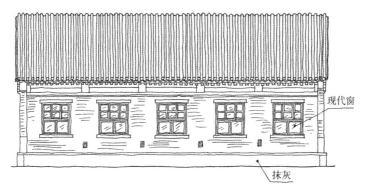

图 211 迁建前中路（中 10）的建筑正立面门窗示意图

⑥中 10 二殿东侧的配房。

中 10 二殿东侧的配房为五开间筒瓦过垄脊披水檐硬山建筑，根据使用要求分割成五个单间，外檐装修采用夹门窗型式，槛墙保留传统丝缝十字缝做法，但台明陡板为水泥抹灰做法。根据单间的需要又增设了垂带踏跺。为了采光，后檐开设现代玻璃窗。（见图 212）

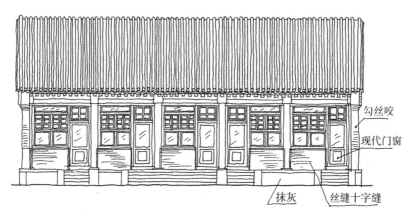

图 212 迁建前中路（中 11）的建筑背立面外窗现状示意图

⑦中 11 二殿及中 12、中 13 耳房。

二殿为三开间筒瓦大脊铃铛排山脊硬山建筑，大脊陡板带有云纹和卷草砖雕，正吻残损，垂脊的垂兽、小跑已无存，外檐装修为现代玻璃门窗，槛墙为蓝机砖砌筑。两耳房建筑构架均为现代人字屋架，硬山建筑，屋面为红陶土瓦扣脊帽子，外墙为蓝机砖清水墙做法，台明陡板为水泥抹面，外檐装修为现代玻璃门窗。（见图 213～图 215）

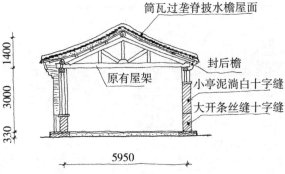

图 213　中 8、中 9 继续使用原有屋架

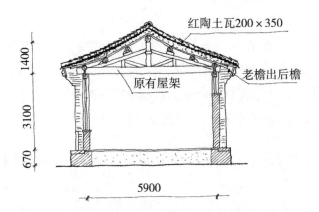

图 214　中 12、中 13 继续使用原有屋架

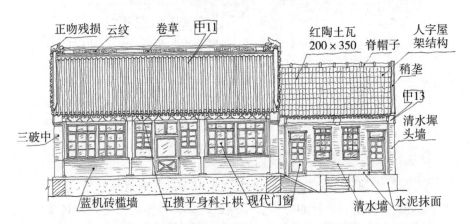

图 215　迁建前中路（中 11、中 12、中 13）的建筑南立面示意图

⑧中 14、中 15 东西配殿。

中 14、中 15 东西配殿为五开间筒瓦大脊铃铛排山脊硬山建筑，大脊陡板带有云纹和卷草砖雕，正吻残损，垂脊的垂兽、小跑已无存，外檐装修为一门一窗式现代玻璃窗，外围护墙为蓝机砖清水墙，台明陡板为水泥抹面，按单间使用要求增设垂带踏跺。（见图 216）

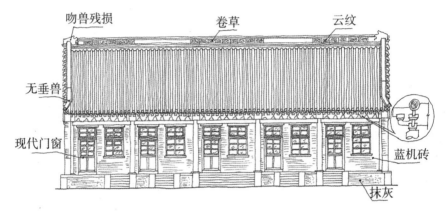

图 216 迁建前中路（中 14、中 15）的建筑正立面门窗示意图

⑨中 17 凉亭。

凉亭属于后花园建筑，算廊步五间歇山屋面过垄脊建筑，廊间下有楣子凳，上有倒挂楣子，后围屋三间，下为蓝机砖槛墙，上为现代玻璃窗，改变了凉亭的使用功能。（见图 217、图 218）

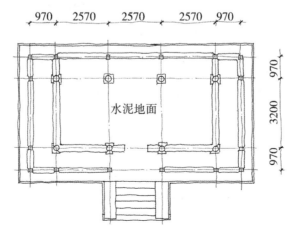

图 217 中 17 凉亭平面示意图（注：原为凉亭，后改为房屋）

图 218　中 17 凉亭正立面示意图

⑩中 18 建筑。

中 18 建筑是紧贴中 14 建筑北山墙增建的进深仅有 3.6 米的半坡有余的三间南房，非王府原有建筑（迁建时取消），其屋面为仰瓦灰梗做法，墙砌体除盘头为灰砖，其余均为红机砖满丁满条清水墙，台明陡板水泥抹面，三间房分割为室内两间，分别设门，为现代玻璃门窗。（见图 219～图 221）

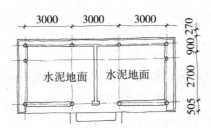

图 219　中 18 建筑平面示意图

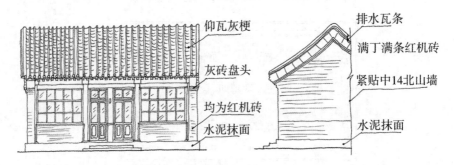

图 220　中 18 建筑正立面（北面）示意图　　图 221　中 18 建筑西侧立面图

（2）东路

①东1建筑为五间硬山建筑，屋面筒瓦过垄脊，垂脊为新做水泥砂浆蓝机砖砌筑，盘头为蓝机砖错台做法，山墙为五出五进棋盘心做法。房屋北面接建办公室，面南开设门窗，尽东端的一间向南接出一间简易平房，作为传达室。槛墙为蓝机砖砌筑，外装修为现代玻璃窗。（见图222～图225）

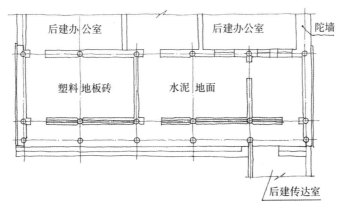

图222　迁建前东路（东1）的建筑平面图

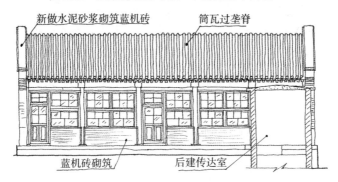

图223　迁建前东路（东1）的建筑南立面示意图

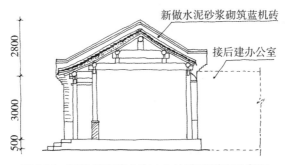

图224　迁建前东路（东1）的建筑剖面示意图

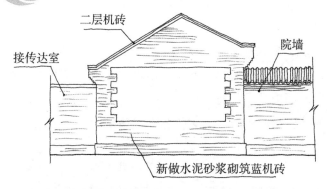

图 225　迁建前东路（东1）的建筑东立面图

②东3建筑中段五间，东西各三间，共十一间相连一条脊，中间为穿堂门，可通后院。屋面为仰瓦灰梗做法，外装修为一门一窗式现代玻璃窗。墙体为一顺一丁蓝机砖清水墙。室内为水泥地面。该建筑非王府原有建筑。（见图226、图227）

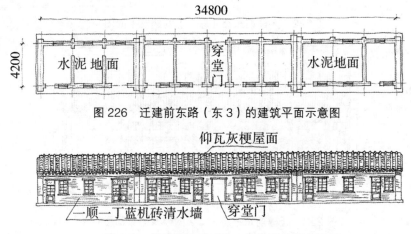

图 226　迁建前东路（东3）的建筑平面示意图

图 227　迁建前东路（东3）的建筑正立面图

（3）西路

西路仅有前半部有几座零散的、不规则的建筑，并非王府原有的建筑，依据迁建精神，保留大部分现有建筑。

①西1建筑，通面宽8米，三间，卷棚屋面，建筑南面勾连搭，又接出一间似抱厦、似垂花门又似凉亭的悬山建筑，并绘有苏式彩画。建筑北

面，紧贴后檐是一座约 10 米长的一字影壁，但已残损严重，勘测人员判断可能有影壁方砖心，中心有砖雕。（见图 228）

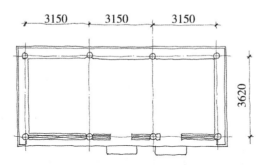

图 228   西路最南端（西 1）的建筑现状示意图

②西 2 建筑。

西 2 建筑位于西 1 建筑的右边，可谓西厢房。三间合瓦屋面，墙砌体淌白做法，外檐装修，现代玻璃门窗、如意踏跺（注：迁建后取消该建筑，重新规划四合院）。（见图 229）

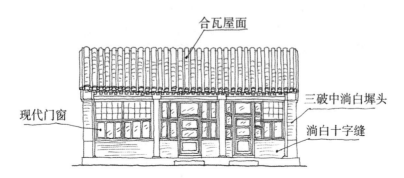

图 229   迁建前西路（西 2）的建筑立面示意图

③西 3 建筑。

西 3 建筑为五间硬山建筑，屋面仰瓦灰梗做法，垂脊半坡残损，山墙为红机砖满丁满条五出五进棋盘心抹灰做法，南边的两间又向东扩大面积，与中路的西配楼紧邻；接出的部分，屋面为平顶，墙砌体为城砖糙砌。外檐装修，明间以隔断一分为二，各设门户，南边梢间为单独房间，其余为槛墙，现代玻璃窗。（见图 230～图 232）

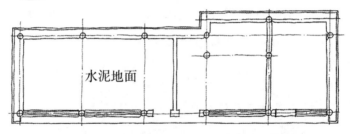

图230 迁建前西路（3-1）的建筑平面示意图

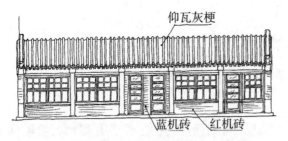

图231 迁建前西路（3-1）的建筑立面示意图

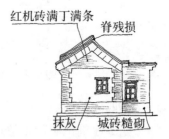

图232 迁建前西路（3-1）的
建筑侧面示意图

④西4建筑，同西3。（见图233、图234）

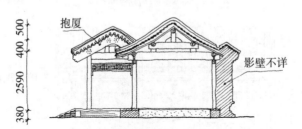

图233 迁建前西路最南端（西1）的建筑示意图

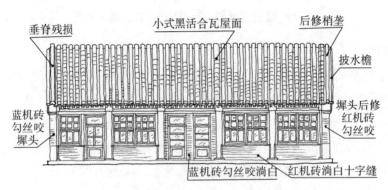

图234 迁建前西路（4-1）的建筑立面示意图

⑤西 5 建筑。

西 5 建筑为五间硬山建筑，屋面为筒瓦过垄脊，墙体为抹灰做假缝。外檐装修，明间以隔断一分为二，各设户门，为现代玻璃门窗。室内为水磨石方砖铺地。（见图 235、图 236）

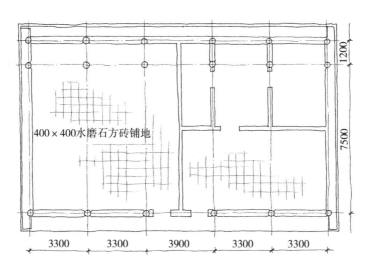

图 235　迁建前西路（5）的建筑平面示意图

图 236　迁建前西路（5）的建筑正立面示意图

4. 顺城郡王府迁建恢复设计原则与宗旨

由于历史原因，顺承郡王府的建筑有增有减，建筑结构使用大屋架，外装修的样式为现代门窗，屋面使用陶瓦，墙体使用蓝、红机砖等，都发生了很大的变化。为了保护文物建筑，本着保护及恢复现状原则，取消影响王府规制的建筑，有中路的中 4、中 18，东路的东 3，西路的西 2。同时，将西路的西 1、西 3、西 4、西 5 规划为一进四合院。保留民国时期大帅府复建的西洋缝大屋架建筑。对王府原有建筑，在逐年修缮过程中使用人字屋架的一律恢复檩垫枋传统大木构架。恢复中 17 敞轩（凉亭）原貌；凡屋面使用红陶土瓦、仰瓦灰梗做法的，一律恢复筒瓦、合瓦传统屋面做法；凡屋面垂脊销毁的垂兽、小跑，一律复原；凡使用蓝机砖、红机砖的清水墙，更换亭泥砖，恢复传统干摆、丝缝做法；外檐装修，一律取消现代玻璃门窗、钢门钢窗，恢复传统槛窗、玻璃屉、隔扇风格。

在拆建过程中，保护原有的传统建筑材料，大木构件、一砖一瓦，尽最大努力修复原有构件，如正脊的云纹、卷草砖雕，以便更好地恢复原有的建筑风貌。

材料与做法

①瓦作。

屋面：采用传统的施工方法，在拆卸的旧瓦件中尽量挑选大小一致、颜色一致的好瓦放在前坡。用筛选过的旧合瓦做盖瓦、新合瓦做底瓦，以仿旧。筒瓦屋面均采用大麻刀月白灰捉节夹垄。凡按传统做法刷烟子浆的部位，采用月白浆代替，以保持屋面的仿旧性，其色以原屋面颜色相仿为宜，瓦瓦的具体要求，按传统做法。a. 椽望之上刷两遍防腐油。b. 做护板灰、用深月白灰抹 1 厘米～2 厘米厚。c. 用 3：7 掺灰泥抹二层灰背，10 厘米厚。d. 做青灰背二层，5 厘米厚。e. 用 3：7 掺灰泥瓦瓦。

墙身：为保证迁建后古建筑本色，尽量使用原有砖料，但实际情况不如意，大量的建筑为蓝机砖及红机砖，不得用于迁建后的建筑；少量的建筑，原有亭泥砖、城砖、开条砖、斧刃砖、方砖等又残损风化严重，难以再用，还有一些建筑为五出五进棋盘心做法，心内均为掺灰泥碎砖头墙，也无砖可用，根据实际情况，按照建筑等级分别采用大亭泥、小亭泥砖，采用干摆、丝缝做法，重新砌筑：

a. 干摆墙不准刷各种灰浆。

b. 丝缝墙面用老浆灰打点、修补。

c. 淌白墙面勾缝不得低于砖表面，糙砌随勾缝，中 7 大殿为保持原状，墙面为西洋鼓缝做法。

地面：室内金砖墁地（中7、中11、中16），其余为尺二、尺四方砖细墁地面。

甬路：中路尺四方砖细墁地面，东西两路尺二方砖糙墁，中路与东西两路中间部分（留出的消防通道）做散水；中路建筑为60厘米宽，用地趴砖糙墁，东西两路为四丁砖糙墁。

石活：石料为青白石，面层剁斧二至三面，尽量仿旧。

②木作。

木料采用红白松，原有木旧构件梁、柱、檩。按传统修缮方法进行拼接、剔凿、挖补、墩接、包镶、卯固方法加工，使其能完好使用，达到受力标准。

中路建筑（不包括中11、中12、中13）所有门窗心屉均为正搭正交、正搭斜交形式，东西两路为步步锦。

③油饰、彩画。

中路保留原有彩画，有则不减，无则不增，保持现状。东西两路除东9（箍头为万字连珠混箍头，飞椽头为仿金包万字，老檐椽头为虎眼做法）。所有建筑的前檐檩、垫、枋，廊间的抱头梁、穿插枋及抱厦均为素箍头做法，椽头刷群青色，中绿色，不做彩绘。

梁头：东路为群青色，西路为群青底色花饰图案。

油饰：下架大木按传统的一麻五灰地仗做法，其余为单披灰地仗，上刷三遍油漆，除中2、中3及东路门窗、心屉为两遍绿色油饰外，其余为铁红油饰，颜色仿旧。

5. 顺承郡王府建筑拆卸阶段

依据迁建的指示精神，于1994年底，北京市朝联古建筑工程修缮总公司施工队伍进驻现场，开始对顺承郡王府的建筑进行拆卸。北京市文物局质量监督管理部门的古建筑专业人员进入施工现场监督拆卸工程，同时由双方古建专业人员组建文物建筑现场勘察小组，对在拆卸过程中发现的隐蔽工程问题进行现场勘察、测绘、摄影录像，做好详细记录。经研讨论证确定方案，聘请社会各界古建专家研究确定文物建筑保护原样的时期，外装修门窗隔扇恢复的原则，放弃蓝机砖、红机砖不规范的墙体砌筑材料，重新按建筑的制式确定使用大亭泥砖、小亭泥砖及干摆、丝缝做法的运用原则，确定除中7大殿使用民国时期的人字屋架，其余使用人字屋架的建筑一律恢复传统檩、垫、枋的大木框架。府门恢复五间三开启，台明高度清除地面垫高的层土，找到垂带踏跺的燕窝石，恢复原有台明高度。中路北端历史记载的后罩房迁建前早已无存，经专家研究，不再恢复后罩房。对西路建筑，前半部存在不规则建筑，经过取舍，在原建筑格局的基础上，规划建成相应的四合院落，西路北半部没有原王府建筑遗存，不再恢复。其余，不论哪一年增添的现代建筑，只要不属文物建筑，就不在迁建范围。

另外，顺承郡王府异地迁建后，按现代设施要求确定中路、东路、西路分隔区域，留出消防通道（见图197），增设给排水消防设施，增设热水采暖、强弱电设施，对建筑的大木构件按要求做好防腐防火处理，以满足现代建筑规范要求及现代建筑的使用功能。

相关的一些事宜，经文物部门及古建专家研讨论证，确定了顺承郡王府迁建拆卸工程的施工组织设计和具体的施工方案。

拆卸工程由外往里，先中路，后东西两路，由南往北逐栋拆卸，先拆卸府门，打通运输通道，使大型机械设备能够进入施工现场。

由上而下按照古建筑结构依次拆卸。搭设具备作业要求的脚手架、马道，安装垂直升降机。

拆卸残损的正吻、正脊的陡板砖雕，揭筒瓦、板瓦、铃铛瓦，摘取博缝砖、透风砖、盘头枭混砖，拆卸廊心墙立卧八字砖、线枋子、砖雕岔角、方砖心，拆卸挑檐石、压面石、腰线石、角柱石及墙砌体，暴露出建筑的大木构架。

文物管理部门的专业工作人员、古建专家、施工单位的古建工程技术人员，登上脚手架，对大木构架进行质量鉴定，并拍摄记录、编号、绘制草图，再依顺序拆卸大木构件。对有彩画的构件，采取打包方式加以保护。拆卸台明的阶条石、金边石、柱顶石、埋头石、垂带石、踏跺石，编号后堆积码放，等待运输。

在拆卸施工现场，各种砖瓦件、石材、大木构件、椽望窗扇及建筑垃圾堆积成山，急需运出施工现场。但由于顺承郡王府地处市区繁华地段，受到货运车辆运营时间的限制，只能22：00后方可进入市区将建筑构件、渣土运出施工现场。

拆卸阶段正遇春节年关，在工期紧、任务重的情况下，要保证拆卸工程任务在限期内完成，为兴建政协大厦腾出场地，施工单位做出必要的部署，工作人员双班制，春节期间不放假，投身迁建工程，克服重重困难为迁建工程做出贡献。

6. 顺承郡王府迁建新址

经市、区、乡三级政府及相关部门、相关业内人士策划，并实地考察、讨论研究，确定顺承郡王府迁建地址在朝阳区东风乡地域内、周边有丰富水域的环境中，即北有水碓湖，西有南湖（两湖后来成为朝阳公园的主要组成部分），南有亮马河灌渠。（见图 237）

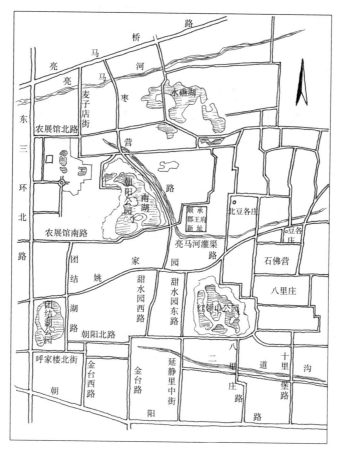

图 237　顺承郡王府迁建后位置示意图

顺承郡王府新址原为一片开阔的菜地，为顺承郡王府迁建工程施工提供了有利条件，但在王府建筑格局的北端和西端还有部分村民居住，为此，朝阳区政府采取迁移措施，同时打通运输通道，为顺承郡王府迁建工程做出相应的贡献。

1995年初春，施工单位进驻现场进行场地清理平整。清除搬迁后的民房残墙断壁、渣土垃圾及田地中的枯枝杂草，搭建临时办公用房，包括仓库、食堂及职工宿舍，接通水源、电源，同时择地修建消防池。

按照施工总顺序，原则是先建王府中路，而后是东路，再西路；工程量最大的先开工，由南向北陆续开工；先主殿，后配殿，最后完成府门及外院墙。

7. 以正殿为例，介绍各建筑的主要施工方法

引进水准点，确定标准水准点，标准轴线桩。单栋建筑定位后，撒灰线，放基础外框线，挖槽采用条形基础，挖至槽底后，除应进行钎探还要对基础进行必要的处理。基槽灰土采用人工夯筑3:7灰土，每步虚铺25厘米，夯实厚度不超过15厘米，两步灰土均连续夯筑，不接槎。由于本工程在春季开工，气候干燥，需在夯筑时洒水，以保证灰土的质量。

基槽灰土完成后，要在基槽的四角、明间中及各间柱顶外砌筑线墩，抄平后，在线墩上标出台明上棱位置，并用杖杆按面宽、进深过中后标注在线墩上，在线墩上弹出台明上皮线、各间柱中线、上出线、下出线、柱顶鼓径线、古径下皮线及磉墩位置线，为了确保无误，还要回线进一步验证，准确后方可砌磉墩、掐拦土、装土衬石、砌台帮、填肥槽、安装台明石，完成基础工程。

槽底放线时应前后檐柱及山柱留出掰升量，然后砌磉墩。磉墩使用城砖和煮浆灰砌筑，灰缝不超过10毫米，砌筑前核算出砖的层数及灰缝的准确厚度，避免砌至最后一层时出现半层砖或灰缝过厚的现象。

（1）石活制作及安装的主要方法

顺承郡王府建筑所用石材包括柱顶石、墀头角柱石、压面石、挑檐石、阶条石、垂带石、踏跺石、埋头石，凡拆卸下的文物石材均应对号安装使用，凡残损严重、没有保留价值的，可补充新石材，石材均采用青白石，石

料表面采用剁斧做法。安装时大部分为成品，但少数为半成品，需在现场进行二次加工。

安装檐柱顶和山面柱顶时应留出掰升量，其鼓径高度要高出台明高度（表面），柱顶盘与台明高程相同，如存在误差，柱顶石鼓径上皮要保持同一高程，将误差甩在柱顶石盘上。在廊间墁地后，对地面泛水造成的柱顶石顶盘高出地面的部分，可在墁地结束后将其剁平。安装前檐阶条石和踏跺石时，可拖后安装，并在临近竣工后，将阶条石踏跺石表面再剁一遍斧。

安装垂带踏跺，先在地上弹出踏跺平面位置线，在台明上弹出每层踏跺的高度位置线，在踏跺前的两侧立水平桩，将燕窝石的水平位置标注在水平桩上，安装燕窝石，在燕窝石和台明土衬石之间安装平头土衬，砌好胎子砖后，拉线代替垂带里棱，逐层安装踏跺并灌足浆，最后砌象眼安装垂带石。

石活稳垫时，要用石料背山，不可用砖背山，灌浆时要分三次操作，第一遍浆要稀，第二、三遍浆可稠些，每次灌浆要间隔四小时，如石下缝隙超过3厘米，可采用填塞干硬性水泥砂浆进行弥补。

（2）砍砖的主要方法

顺城郡王府迁建工程建筑的墙面有干摆、丝缝、淌白三种做法，根据需要所加工的砖料有五扒皮、膀子面和淌白三种。室内地面金砖墁地及细墁地面做法，甬路为细墁地面，散水为糙墁做法，但表面应予磨平，细墁用砖要按五扒皮加工。砍砖要求采用传统方法手工砍磨，不得采用砂轮机切割包灰，避免造成包灰过大。砍砖前应先制备官砖，待官砖验收合格后再开始砍砖，所砍制加工的砖都要以官砖为标准。

干摆墙用五扒皮砖，丝缝墙用的膀子面砖与干摆用的五扒皮砖砍磨方法基本相同，不同的是一个肋要与看面互成直角或稍小于90°；对于淌白砖砍磨，本工程采用淌白截头做法，即先磨看面，再按制子截头，但不过肋，不砍包灰，另一头不动，上下棱可不砍磨。

墀头梢子和冰盘檐用砖要先制作样砖，然后按样板砍砖。其中墀头梢子的样板要在墀头砌筑放线之前做出，即应先确定天井尺寸，依据天井尺寸核算出台阶尺寸后再弹墀头平面位置线。

槛墙紧贴柱顶的砖要用矩尺顺柱顶鼓脸画线后再砖磨，不得用瓦刀删砍。

（3）墙体砌筑的主要方法

顺承郡王府迁建工程所有房屋的槛墙、山墙下碱、包砌台明均采用大干摆十字缝砌法。排活时均从正中向两端排活，破活赶至两边。山墙丁砖座中往两边排活。凡封后檐墙做法与山墙下碱、上身砌法相同，但排活应从两端开始，破活赶到中间，凡老檐出后檐墙、下碱和上身均采用小亭泥三顺一丁砌法。

房屋的里皮砖均采用红机砖混水墙做法，采用白灰砂浆砌筑。由于里外皮砖规格及灰浆厚度存在差异，很难做到每层砖的里外皮高度保持一致，但要求每五层砖追平一次，并做好砖的拉结。

后檐墙砌到檩枋和桁底时，要塞严顶实，以此减轻因柱子产生正常沉降而对外皮砖产生荷载，从而减少外墙面出现裂缝的可能。

山墙、后檐墙砌至柱子时，要用板瓦围住柱子，将砖与柱子隔开，并浇生石灰浆。下碱外皮柱处安装透风砖，以防柱根糟朽。透风砖可放在第二层砖之上，以避雨水流入墙内。山尖处的透风安装在便于天花内通风的位置。

（4）屋面施工主要方法

顺承郡王府中路建筑均为筒瓦屋面，屋脊采用铃铛排山脊和大脊做法，东西两路建筑多以合瓦屋面，屋脊采用鞍子脊披水檐做法。

屋面苦背完成后，先瓦边垄、挑铃铛排山脊，再挑大脊，后瓦瓦。挑大脊从屋面中点开始，先砌坐中陡板，安装卷草、云纹砖雕，然后往两端砌陡板。

瓦筒瓦的睁眼高度不小于3厘米，底瓦搭接密度应达到"压六露四"，即满足三搭头的要求。瓦口尺寸按蚰蜒当不小于3厘米、不大于4厘米而定。

（5）大木制作安装主要方法

顺承郡王府建筑的大木构件分为两部分：一部分是原有大木构件，包括梁、柱、檩、枋，对这部分构件要按传统修缮方法进行拼接、剔凿挖补，采用墩接、包镶、卯固方法进行加工，使之能继续使用。另一部分就是将拆卸时建筑构架是人字屋架的，全部更换为传统的梁、檩、柱、枋结构的大木构架。

以五架梁为例介绍梁（柁）构件及檩件制作工序要求。

梁（柁）构件制作工序要求：首先要经过筛选验料，合格后，要将荒料刮标皮、取直、刮顺刮平，在构件上画出梁头中线、平水线、抬头线、熊背线、迎头线、瓜柱眼线、檩碗线、鼻子线，经凿眼剔剜檩碗、做鼻子、刻垫板口子，最后滚楞、倒楞，标写大木安装位置号，完成五架梁的制作。

檩件制作工序要求：先验料、荒料加工、画八卦线取直、砍圆、画线，一端开燕尾榫，另一端开燕尾口子，制作完成后标写大木安装位置号。

以檐柱为例介绍柱子制作工序要求：先验料、荒料加工、画八卦线取直、砍圆、刮顺刮平，在柱身上弹出四面中线，用杖杆点出柱头、柱根、馒头榫的位置，并弹出升线，以升线为准画檩枋口子线，经凿眼断肩截盘头，合格后，标写大木安装位置号。所有柱子的柱头要收铊2厘米，檐柱、山柱掰升3厘米。

（6）大木立架

先立金柱，安装金檩枋，再立檐柱、角柱，安穿插枋、抱头梁，此时要绑临时戗杆加以固定，同时进行初步吊正。安装檐檩枋、五架梁、吊直、拨正、松临时戗杆，绑迎门戗、龙门戗，要用扎绑绳檩棍儿打标，固定后立瓜柱安装金檩枋，立三架梁，吊正后钉拉杆安角背、立脊瓜柱，吊正后安装脊檩枋、脊垫板、脊檩及其他构件，经过柱子吊正、拨正核准后，固定撞板、压戗抹泥，并要求必须在墙体砌完后才能撤戗。在此期间，每天都应观察戗杆是否错动，如有松动应及时紧标。大木完成后，可点椽花分椽当儿、钉椽子、钉连檐、钉望板。椽子分当儿，以明间面宽中为椽当儿中，柁中应为椽当儿中，其余以一椽一当儿为原则，如不能排出好活时，可进行调整，椽当儿可小于椽径，但不可大于椽径。椽子距墀头的距离应为半椽径，不得紧贴墀头。

（7）隔扇制作安装的主要方法

制作安装隔扇时，不得按照设计图纸中的尺寸来制作隔扇，应按槛框安装完成后的实际尺寸确定。隔扇门为五抹，上腰抹头位置按"四六分隔扇"并结合仔屉棂条确定。中路建筑隔扇心屉为正搭正交和正搭斜交，东西两路建筑隔扇心屉为步步锦。隔扇大边、抹头均做双肩实榫大割角，边抹及仔屉边里口均起窝角线。凡活隔扇均做门轴，不安合页。隔扇安装好后，再拆下来做油漆地仗。隔扇掩缝宽度应预留出地仗所占的厚度。

（8）油漆彩画主要施工方法

顺承郡王府建筑工程油漆地仗采用传统砖灰、油满、血料、麻灰地仗及单披灰地仗做法。下架大木、槛框、榻板、隔扇大边、抹头及裙板、绦环板做一麻五灰地仗，上架大木、椽望、连檐口做四道灰地仗，隔扇心屉做三道灰地仗。

需做一麻五灰地仗的木构件有原有建筑的旧木构件，有重新恢复传统做法的新制作的木构件。对原有旧构件要清除旧油漆地仗，对新构件同样要砍斧迹，对木构件上的大小裂缝要采取撕缝、下竹钉、木条楦缝措施，避免竣工后构件出现裂缝。下道工序就要汁浆去除粉尘，再捉缝填补构件上的缝隙，填实没有虚空后可做通灰，干后打磨清扫后可开浆、黏麻、轧麻、潲生、水压、磨麻，完成使麻工序，再做压麻灰、中灰、细灰，最后钻生油。

需做四道灰地仗的木构件，同样要砍斧迹、丝缝、下竹钉、汁浆，然后只做捉缝灰、通灰、中灰、细灰，最后钻生油。

需做三道灰地仗的木构件，只需汁浆、捉缝灰、中灰、细灰，最后钻生油。

顺承郡王府的建筑工程，要采用传统光油做法，不得使用现代化工油漆。

油漆分色，柱子、槛框、隔扇、椽望等为铁红光油；正殿隔扇心屉刷铁红光油，配殿隔扇心用绿色光油；连檐瓦口用银朱油；椽子、飞头按红帮绿底分色，椽底全部刷绿色、椽帮绿色占椽径2/5，长度方向绿色占檩外露明部分的4/5，其余为铁红色。

（9）彩画的绘画原则

顺承郡王府的主要建筑：府门、大殿、二殿、后殿及配殿的梁枋绘制金线小点金旋子彩画，东路建筑绘制掐箍头搭包袱苏式彩画，西路建筑绘制苏式彩画。雀替木雕卷草做攒退活，椽头彩画，老檐椽头为虎眼做法，飞檐头画万字，均为退晕做法。

彩画中的贴金部分，均使用库金箔贴金，采用隔夜打金胶做法，贴金时如遇四级风，需搭金帐子，遇阴雨潮湿天气不得贴金。

8.增设配套设施

（1）增设消防设施

按文物保护单位砖木结构的建筑物室外消防用水量、按三级耐火等级增设消防设施。沿府内消防通道 2 米以内，距房屋外檐不小于 5 米处设置室外地下消火栓。消防管道埋深大于或等于 80 厘米，并选用保温井盖。室外地下消火栓选用 S×100—10 型，并设有明显标志及附属设备。

（2）增设热水采暖设施

按现代建筑使用功能，在顺承郡王府北院墙外建立供热锅炉房和水冷机组，在王府院内建半通行地下管沟，铺设热水采暖外网管道，在室内沿墙基础建室内半通行管沟，铺设室内采暖管道，室内安装落地式风机盘管散热器，以满足冬季采暖要求。

（3）增设给排水、卫生设备

按照使用管理方的要求，增设给排水、卫生设备，以满足使用要求，铺设室外给排水管道，增设化粪池。

（4）增设配电设施

顺承郡王府用电电源由院外变配电室引进，干支路线均为塑铜线穿钢管，沿地面、吊顶、墙面暗敷设。用电设备有风机盘管及灯具、弱电系统广播，含火灾应急广播，即发生火警时，应急广播可强行切换设备，共用电视天线、电话、火灾自动报警系统。

顺承郡王府迁建工程，在施工过程中能够遵守文物保护法，按照文物建筑的质量标准、传统工艺做法，精心施工。在迁建施工期间，市区两级政府十分关注，时任北京市副市长张百发一行，曾多次深入施工现场视察，与施工单位工作人员亲切交谈，肯定成绩，指出方向。北京市文物局质量监督管理人员更是全过程监控，以保证文物建筑复建时的原貌及工程质量。社会各界人士也不约而同前往施工现场。在企业领导及工程技术人员的陪同下，单士元、张铂、罗哲文、郑孝燮、马旭初、何俊寿、边精一、蒋广全、路华林等分别按工程进度、形象部位进行古建专业指导或提出建设性意见，为迁建顺承郡王府工程做出极大的贡献。

顺承郡王府迁建工程专家现场考察

　　顺承郡王府迁建工程竣工后，受到了政府有关部门及领导的好评、国家文物部门的肯定、社会各界人士的认可和赞许。

　　经过一段时间的社会考验及客观评价，于2008年，由中国民族建筑研究会授予北京市日盛达建筑企业集团有限公司（前身为北京市朝联古建筑工程修缮总公司）顺承郡王府迁建工程"中国民族建筑事业杰出贡献奖"。2011年，为表彰顺承郡王府迁建工程项目在修缮施工中很好地弘扬了传统建筑文化，对我国文物古迹的保护传承起到了推动作用，经组委会专家评审，特授予北京市日盛达建筑企业集团有限公司"国家文物保护最佳工程奖"的荣誉称号。

（十一）广化寺大雄宝殿修缮及观音殿复建工程

广化寺位于北京市西城区鸦儿胡同 31 号，是北京市重点文物保护单位，现为北京佛教协会。

该寺创建于元代，明万历年间重修，清咸丰年间、光绪年间均进行过大规模修缮，清宣统元年（1909）曾在此筹建京师图书馆，珍藏大量佛教文物，其中有明版《大藏经》、清乾隆版《频伽藏》和日本版《续藏》及大量的写经、法器、碑刻、法帖、佛像。

该寺于 1998 年至 2000 年由北京市日盛达建筑企业集团有限公司对大雄宝殿进行修缮，包括殿内佛像贴金、油漆彩画工程和对西路观音殿的复建工程。

广化寺院坐北朝南，其占地面积达 13800 余平方米。寺院共分五路，东、西的四路建筑由于岁月变化已不太规范，只有中路保持着寺庙规范的建筑格局。（见图 238）

广化寺山门的对面有一个较大的八字影壁，红墙影壁心镶有行书体"南无阿弥陀佛"几个金字。

山门为三开间歇山屋面，明间为石券门，门前由于胡同地面增高，外设石栏板围挡，以处理地面高差问题，门前安放石狮一对。

一进院主要建筑是天王殿，为三开间庑殿屋面，殿前同样安放石狮一对。天王殿两侧建有东西向廊房，以分隔前后院，并在廊前中间建有卷棚抱厦一间，可通往二进院。在一进院内东边建有钟楼，西边建有鼓楼，其次建有东、西配房各三间及山门两侧的南倒座房各五间，其建筑形式均为合瓦屋面鞍子脊。

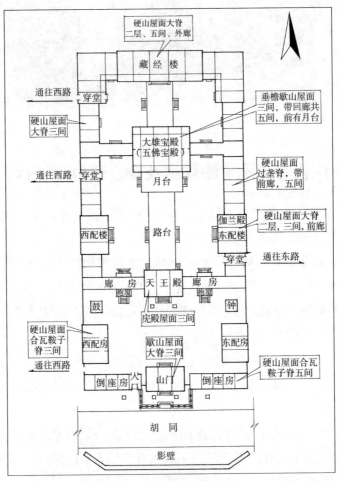

图 238　广化寺中路平面示意图

二进院主要是大雄宝殿，殿上匾额为"五佛宝殿"，该建筑为重檐歇山屋面，室内为三开间，外回廊两间。（见图 239）大雄宝殿前有月台及路台。二进院内有东、西二层配楼各三间，东配楼北端有配房五间，南端有配房两间，其中一间为穿堂门，通往东路跨院；西配楼北端有配房五间，其中一间为穿堂门，通往西路跨院，南端有两间配房。大雄宝殿两侧同样建有廊房分隔院落，左右各设通道，与三进院相通。

三进院主要建筑是藏经楼，是由三部分组成，正中为五开间二层硬山建筑，左右两部分同样是硬山建筑，与中间五开间建筑紧密相连，两端建筑为曲尺型，其中西端一层的一间为穿堂门，通往西路院落。

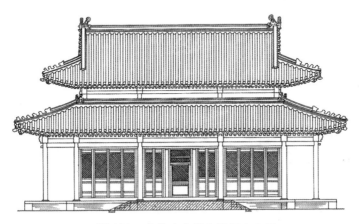

图 239　广化寺大雄宝殿正立面图

（十二）元大都遗址公园建设工程

13 世纪初，蒙古族崛起，1206 年，成吉思汗远征欧亚大陆，建立了蒙古汗国。

1206 年，忽必烈继位为世祖，1263 年定都于开平（内蒙古正蓝旗东闪电河北岸）。1267 年，由汉人刘秉忠规划主持选址建造的大都城正式破土动工，1272 年基本建成，命名"大都"。1274 年，从上都开平迁都大都城，即现在的北京城。1279 年元灭南宋，统一中国。1282 年，在新址大都设立大都留守司，1284 年建立大都总管府，直辖县有涿州、通州、蓟州、漷州、顺州、擅州、东安州、固安州、龙庆州及大兴、宛平、良乡、永清、宝坻、昌平。1285 年开始，皇室、贵族和中央衙署相继迁入大都城，并设立中央政府办公机构。

元大都的规划思想继承了汉唐以来的传统并参照《周礼·考工记》，以周制规整对称突出中轴的手法体现皇权的尊严，确定大都方九里、旁三门，九径九纬、左祖右社、前朝后市的总体规划，其布局严整，规模宏伟，建筑壮丽。

元大都的建设基本上是方形，东西长6700米，南北长7600米，城内共分50个坊。四面城墙除北面设两门，其余三面设3门，共计11门，每门建有城楼及瓮城，四角有角楼。北城墙的两门东为安贞门，西为健德门；东城墙的三门北为光熙门，中为崇仁门，南为齐化门；西城墙的三门北为肃清门，中为和义门，南为平则门；南城墙的三门东为文明门，中为丽正门，西为顺承门。

元朝自1271年至1368年亡于明，共历时98年。公元1368年朱元璋推翻元朝，建立大明朝；1420年明成祖朱棣迁都北京，在元大都的基础上重新规划改造都城，派徐达主持改造都城建设，将元大都北城墙南移5里，即现在的安定门、德胜门一线，同时取消了东城墙的北门光熙门及西城墙的北门肃清门。同时将元大都南城墙南移500米，设三门，即正阳门、崇文门、宣武门，全城周长45里，共设九门，废弃的元大都北城墙，就此形成了元大都遗址。（见图240、图241）

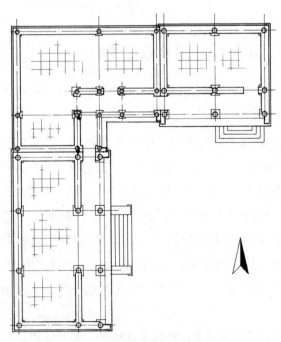

图240 元大都遗址公园仿宋建筑

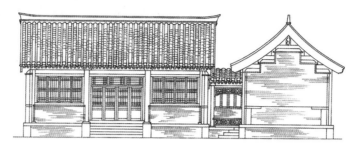

图 241　元大都遗址公园仿宋建筑东立面图

2000 年以后，长期废弃的元大都遗址被社会关注，经政府有关部门规划，由园林部门负责组织兴建元大都遗址公园。

2004 年，北京市日盛达建筑企业集团有限公司承接了北土城东路安贞门地段的廊桥景点建筑和北土城西路健德门地段的仿宋式古建筑。

廊桥建筑由一座主亭和两座次亭组成，亭与亭之间由高低错落的游廊连接，两端引桥分别设不同风格的七级踏跺及石栏板，桥上为木质望柱栏板（见图 242）。方亭采用抹角梁做法，屋面为 3 号筒瓦。油漆彩画，为一麻五灰地仗，栗色三遍漆成活，椽头万字沥粉贴金，檩垫枋软硬卡子相间沥粉贴金。

仿宋式古建筑工程随坡就势，沿河北岸建西房三间、北房两间（见图 243）。建筑形式均为悬山五花门带前廊，

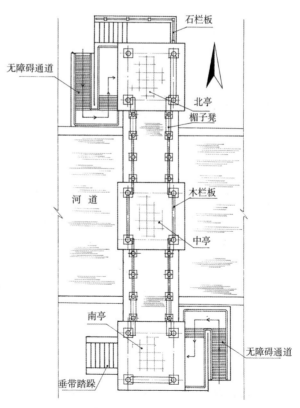

图 242　元大都遗址安贞门地段廊桥建筑平面图

合瓦屋面，两端翘起的素屋脊，墙身砌体为三顺一丁淌白做法。西房与北房连接拐角处建有盝顶式房屋，有前游廊连通的西房和北房。房屋外装修均为一码三箭隔扇、槛窗。游廊下设楣凳，上有倒挂楣子。西房前檐为垂带踏跺，北房为如意踏跺。油漆彩画为一麻五灰地仗、栗色三遍漆成活，椽头万字沥粉贴金，檩垫枋软硬卡子相间沥粉贴金。

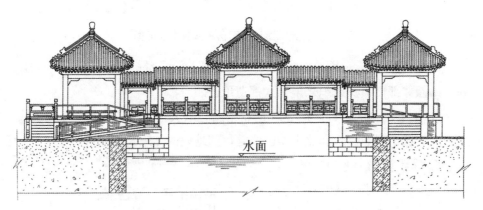

图243　元大都遗址安贞门地段廊桥西立面图

（十三）拈花寺西配楼翻建工程

拈花寺位于西城区旧鼓楼大街西侧的大石桥胡同。该寺兴建于明代万历九年（1581），是司礼太监冯保秉承孝定皇太后之命创建，初名为千佛寺。清雍正十二年（1734）奉敕重修，赐名拈花寺。

拈花寺坐北朝南，分东、中、西三路，中路主要建筑依次为影壁、山门（见图244）、钟鼓楼、天王殿、大雄宝殿、伽蓝殿、藏经楼及东西配楼。东路有六层院落，西路有四层院落，寺内原建筑格局完整。2003年公布为北京市市级文物保护单位。

该寺院由于历史原因，被某单位占用及部分居民居住，寺院建筑被私搭乱建、接屋扩面破坏严重，居住期间不慎导致西配楼失火、毁坏严重，于2011年11月至2012年4月，由北京市日盛达建筑企业集团有限公司对烧毁的西配楼进行翻建。

图 244　年久失修的拈花寺山门示意图

该建筑为二层硬山建筑，面阔三间（见图 245），屋面三号筒瓦、大脊、垂脊狮马兽、铃铛排山，山面为大城样细淌白十字缝做法，有压面石、腰线石，槛墙为二城样淌白三顺一丁做法，二层外廊设木栏杆，外檐为传统隔扇，一麻五灰地仗、旋子彩画。（见图 246～图 248）

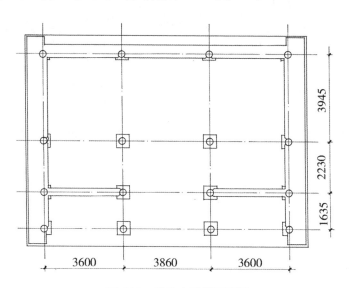

图 245　拈花寺配楼平面图

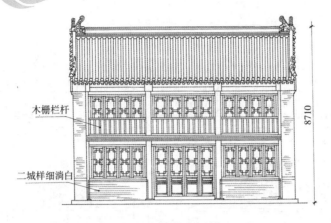

木栅栏杆

二城样细淌白

图 246　拈花寺配楼立面图

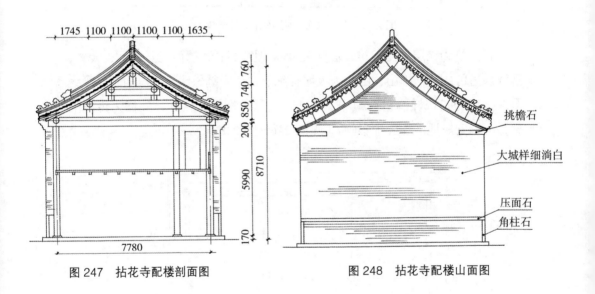

图 247　拈花寺配楼剖面图

挑檐石

大城样细淌白

压面石

角柱石

图 248　拈花寺配楼山面图

（十四）福佑寺修缮工程

福佑寺位于北长街北口路东，始建于清初，曾是康熙帝读书的地方，又传是康熙帝避痘之处。雍正元年（1723）这里曾作为宝亲王弘历（乾隆帝为皇子时的封号）的官邸，但弘历并未迁入居住。弘历登基后改为喇叭庙，并祭祀雨神，俗称雨神庙。今为西藏自治区班禅驻京办事处。

该寺于 2010 年 4 月至 2011 年 4 月由北京市日盛达建筑企业集团有限

公司施工队伍进行全面修缮。

福佑寺是紫禁城（故宫）的外八庙之一。外八庙包括宣仁庙、凝和庙、普渡寺、万寿兴隆寺、昭显庙、真武庙、静默寺和福佑寺。（见图249）

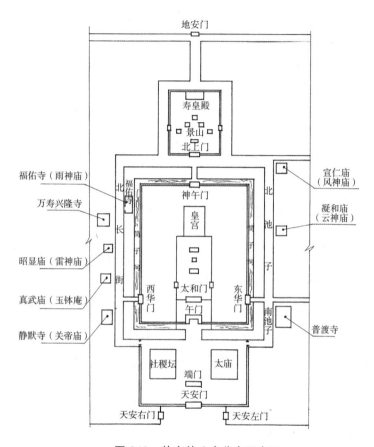

图249　故宫外八庙分布示意图

宣仁庙位于北池子北端路东，建于清雍正六年（1728），是祭祀风神的寺庙，俗称风神庙，后被北池子小学占用。

凝和庙位于北池子中段路东，建于清雍正八年（1730），是祭祀云神的寺庙，俗称云神庙，后被中医院妇产科占用。该庙的山门、前殿及钟鼓楼已不存在。

普渡寺位于南池子大街路东的胡同里，原为明代的"洪庆宫"，后又称"明南宫"，是指明代皇城的南部，实为紫禁城的东部。

清军入关后，将洪庆宫赐给摄政王多尔衮，多尔衮成为第一代睿亲王。顺治七年（1650），多尔衮死于木兰围场，不久顺治帝以谋逆罪削夺了他的爵位，睿亲王府遂废。康熙十三年（1694）改建为吗哈噶喇庙，乾隆四十一年（1776）赐名普渡寺。乾隆四十三年（1778），恢复多尔衮睿亲王爵，由多尔衮五世孙世袭封爵，因旧府已改为寺庙，就将位于石大人胡同的原饶余亲王府作为睿亲王新府（今被外交部街中学占用）。普渡寺分别被南池子小学、粮店及平民占用，大殿、山门已不存在。

万寿兴隆寺位于北长街路西，原为明代兵仗局佛堂，清康熙二十年（1681）改建为寺庙，现已无存。

昭显庙位于北长街路西。该庙始建于清雍正十年（1732），是祭祀雷神的寺庙，俗称雷神寺，现被北长街小学占用。

静默寺位于北长街南端路西，原址为明代关帝庙，清康熙五十二年（1713）重修，赐名静默寺。

真武庙（又称玉钵庵）位于北长街路西，西华门外胡同内，原为明代御用监。真武庙的来历还要从元世祖忽必烈说起。

北海公园南门的团城，是历史上最小的皇宫，当年元世祖忽必烈由于内廷斗争，只好南下，原想在金中都立足，可是到了金中都是一片废墟，只好在金中都东北方位的郊外花园暂且安身，即现在的北海公园团城。

在忽必烈建元初年（1265），一件稀世珍宝"玉瓮"雕制完成。该玉瓮是用一整块墨玉雕刻而成的，造型精美绝伦，略椭圆形，周长4.93米，瓮深0.57米，通高0.63米。玉瓮雕有云龙、海兽、海马、海鹿、海猪、海螺等，出没于海水波涛之中，形态生动极致。

忽必烈下诏将雕好的玉瓮安放在琼华岛的广寒殿中，取名"渎山大玉海"，忽必烈在宴请文武百官时，用其来盛御酒，君臣共饮。

元朝灭亡后，明万历七年（1579）广寒殿因年久失修而倒塌，玉瓮被移到御用监的院内，也就是后来的真武庙，庙内的道人用其来腌咸菜，也正因有玉瓮的存在，真武庙又叫玉钵庵。

清康熙年间真武庙重修。乾隆年间，有个叫三和的工部侍郎，无意中在真武庙发现了玉瓮，觉得很精美，便从道士手中买下，于乾隆十年

（1745）献给朝廷，乾隆赏金千两给三和，并将玉瓮安置在北海团城承光殿前的琉璃亭中。

三和买回玉瓮时，并没有买瓮座，或是当时没有发现，也就是说瓮座还留在真武庙。

到了乾隆十六年（1751）重修真武庙时，又用石材仿制了一个玉瓮，安放在元代的玉瓮座上，以此保留玉钵庵名字的由来。

就这样，形成了真武庙中有仿制的玉瓮和元代的玉瓮座。而团城上的元代玉瓮配上了清代的江水崖八角玉瓮座。

到了 20 世纪 60 年代，真武庙被破坏，仿制的玉瓮连同玉瓮座被运至北海北岸存放。1974年修缮法源寺时，被安放在净业堂前。

现在真武庙已不存在了。

静默寺也位于北长街西路，原址为明代关帝庙，查阅民国时期地图，标注有关帝庙位置，位于真武庙南边、西华门外。关帝庙于清康熙五十二年（1713）重修，赐名静默寺。

福佑寺，位于北长街北口路东，始建于清初（见图 250）。该庙于 1987 年修缮过一次，但寺前的两个牌楼未修缮（见图 251）。

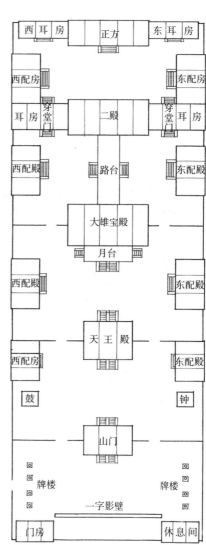

图 250　福佑寺平面布置示意图

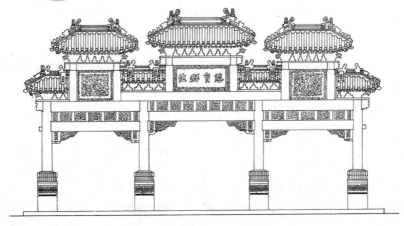

图 251　福佑寺山门前四柱七楼牌楼

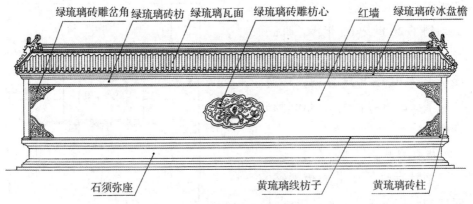

图 252　福佑寺山门前一字影壁

　　福佑寺于 2010 年 4 月又一次全面修缮，于 2011 年 4 月全面竣工。

　　福佑寺整体布局规范严谨，坐北朝南，四进院落，山门西侧为临街大门，山门前为大型一字影壁（见图 252）。影壁为绿琉璃瓦顶、正脊、两端带有吻兽、冰盘檐做法，影壁上身为软心刷红土浆，中心及四岔角为写实牡丹图案琉璃饰面，绿琉璃砖枋，黄琉璃砖柱。下碱为石质须弥座（见图 253）。

　　山门前东西两侧各有一个四柱七楼牌楼，黄琉璃瓦绿剪边瓦顶，主楼七踩斗栱，绘有龙锦地金线大点金旋子彩画，匾额上分别写有"慈育群生"和"圣德永垂"楷书字体。

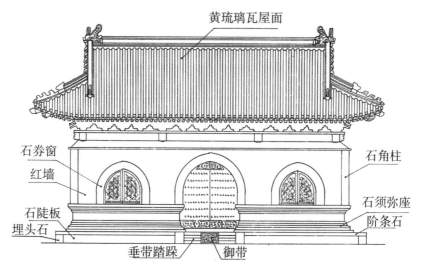

图 253 福佑寺山门正立面图

　　山门是寺庙的第一道门，为歇山建筑，黄琉璃瓦屋面，石拱券门窗，两窗为哑窗，下碱为石质须弥座，明间为垂带踏跺，中间有御带，雕刻座龙江水崖，墙身为软活刷红土浆，朱漆大门镶有 81 个门钉（见图 254），三彩斗栱，金线大点金旋子彩画，枋心绘草龙。山门两侧为"一封书"撇山影壁，做法同山门前一字影壁。山门前摆放石狮一对。

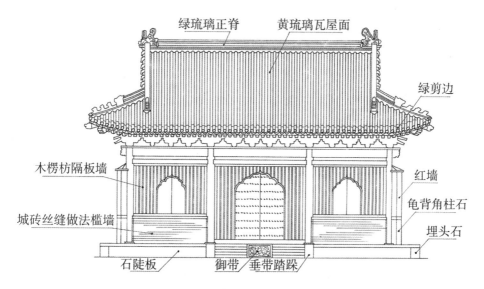

图 254 福佑寺天王殿正立面图

一进院，正面为三间的天王殿，该建筑为黄琉璃瓦顶、绿剪边、歇山屋面。五踩斗栱，绘有小点金龙锦地旋子彩画。殿前外装修，次间带槛墙，其余为木楞分档安装木板的围护结构，门窗券口为弧形装饰做法。大门包叶装有81个门钉。天王殿的后外装修，明间安装四扇隔扇，次间为实墙，前后的垂带踏跺均为五步，中间有御带。

天王殿前，东西两侧为钟鼓楼，重檐建筑，屋面黄琉璃瓦绿剪边，三彩斗栱小点金龙锦地旋子彩画，石券门，四步垂带踏跺。钟鼓楼北端各有三间配房，为硬山建筑，屋面黄琉璃瓦绿剪边，过垄脊披水檐，砖博缝，墙体上身丝缝做法，下碱为干摆做法，如意踏跺。明间外装修带帘架，隔扇为正搭斜交，木构件绘有小点金龙锦地旋子彩画。

二进院为福佑寺的中心院落，建有大雄宝殿。该殿为歇山建筑，黄琉璃瓦屋面，大脊正中建有一座喇嘛塔，为藏汉混合式建筑（见图255）。该建筑为七踩斗栱，绘有龙和玺彩画。外装修，明次间均为设帘架，两梢间有槛墙，隔扇为六碗棱花心屉。殿前有路台，三面设垂带踏跺六步，中间有御带，御路殿前设香炉一尊。大雄宝殿东西两侧各有配房三间，为歇山建筑，黄琉璃瓦绿剪边做法，五踩斗栱，绘有墨线小点金旋子彩画，前出廊，五步垂带踏跺，明间设帘架，隔扇为六碗棱花心屉。

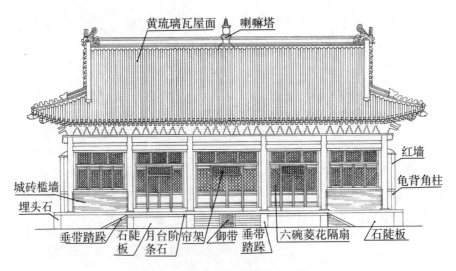

图255　福佑寺大雄宝殿正立面图

三进院大殿五间，为歇山建筑，黄琉璃瓦屋面，五踩斗栱，绘有金龙和玺彩画。明间带帘架，次间为活隔扇，梢间带槛墙，均为六碗棱花心屉隔扇。明间前有四步台阶高的路台，与大雄宝殿后门相连。该殿的后檐墙开设五个后窗，窗的开洞在小额枋下碱之间，两侧厚墙做成喇叭口，以便采光。

该殿山墙两侧各设耳房四间，但屋脊却是三间的，其中一间为穿堂门，通往四进院。该建筑为大式黑活，穿堂门前为垂带踏跺，其余各间为槛墙槛窗。

四进院正房五间，东西耳房各三间，东西配房各三间，均为大式黑活硬山建筑，屋面筒瓦过垄脊、垂脊、铃铛排山，墙身丝缝下碱干摆做法，绘有龙锦地旋子彩画。隔扇为套方心屉，明间带帘架，三步垂带踏跺。

福佑寺的建筑保护完好，本次修缮，主要是木结构外装修的油漆彩画工程，尤其是山门前的两座牌楼，为中华人民共和国成立后第一次大修。修缮程序是将大木的旧油漆地仗砍净挠白，重做一麻五灰地仗，三遍漆成活。彩画工程按恢复原状，沥粉贴金，按建筑等级分别施绘金龙和玺、旋子彩画。屋面个别瓦件小兽损坏的进行更换，部分垂带踏跺残损严重的进行更换，局部山墙、槛墙破损的重新摘砌，使福佑寺建筑焕然一新。

（十五）黑山寨关帝庙抢险修缮工程

位于北京市昌平区延寿镇黑山寨村的关帝庙为区级文物保护单位（见图 256）。该庙始建于清代光绪年间，现存正殿三间，东西耳房各两间，建筑面积 121 平方米（见图 257）。由于年久失修，一些大木构件榫头糟朽，屋面塌陷，漏雨，椽望糟朽，柱根糟朽，木构架变形，墙体开裂歪闪，需进行抢救性修缮。

经昌平区文化委员会研究、申报、批准，决定对黑山寨村关帝庙进行抢救性修缮。

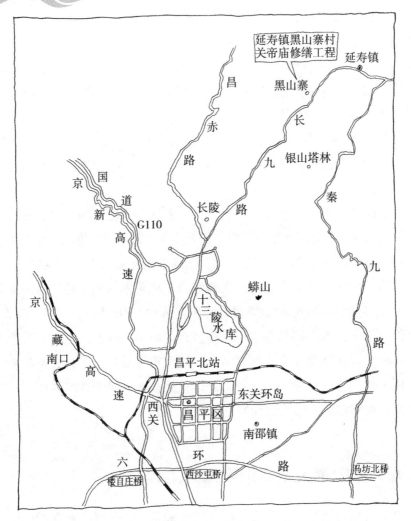

图 256　关帝庙位置

　　施工方案：落架大修，更换糟朽的大木构件，墩接柱子，更换全部椽望，外装修更换槛框、榻板、隔扇。屋面瓦件经过筛选继续使用，不足的，用新瓦补齐，配齐吻兽、垂兽及小跑。墙体砌筑，旧砖已不完整，可更换新的亭泥砖，旧砖可背里，不足的可使用机砖代替，墙面为淌白十字缝做法，山面腰线石、角柱石、阶条石埋头石残损严重的可更换青白石。室内地面墁尺四方砖。大木为一麻五灰做法，彩画沥粉贴金，金龙和玺。该工程由北京市日盛达建筑企业集团有限公司施工，于 2014 年 6 月开工，2014 年 10 月竣工。

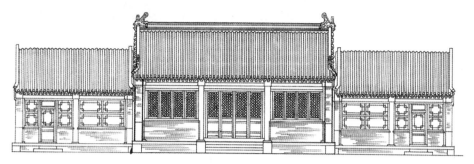

图 257　黑山寨村关帝庙大殿及耳房正立面

（十六）鲁迅故居八道湾胡同十一号修缮工程

八道湾曾是周氏兄弟的院落，是两位文化名人的故居，但后来也沦为了大杂院，在危房改造的年代也面临着拆除的境地。后来，经有关人士呼吁，相关部门研究决定，八道湾依然算是鲁迅故居，当即由北京市规划局发函至负责东冠英危改小区规划建设的房地产公司，要求调整原规划方案，保留并保护好八道湾十一号院（见图258），此处依然按鲁迅故居进行全面保护性修缮。

八道湾十一号院修缮工程于 2013 年 6 月正式开工，由北京市日盛达建筑企业集团有限公司负责修缮工程项目，于 2014 年 3 月竣工。

鲁迅是中国现代文学家、思想家、革命家。浙江绍兴人，生于 1881年，卒于 1936 年 10 月 19 日。鲁迅先生逝世，全国各界爱国人士、青年学者及工农群众不胜悲痛。为鲁迅先生送行、主持出殡大会的有宋庆龄、蔡元培、巴金、胡风等。鲁迅先生逝世后葬于上海西区虹桥路万国公墓。

1956 年 10 月迁墓，迁至东北区虹桥公园，毛泽东亲笔为鲁迅墓墓碑题写"鲁迅先生之墓"，周恩来亲自栽下两株常绿的桧柏树。

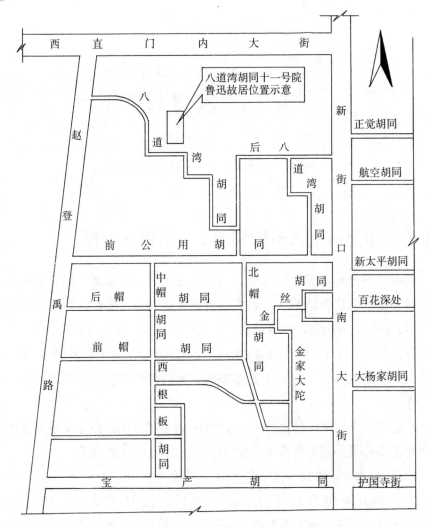

图 258　八道湾胡同十一号院鲁迅故居位置示意图

　　鲁迅到北京后共居住过四处。1912 年 5 月，鲁迅离开家乡来到北京，任教育部佥事，居住在宣武门外南半截胡同 7 号的绍兴会馆。这是一座坐西朝东的宅院，宅院的西南角就是"补树书屋"，即鲁迅的书房兼卧室。鲁迅的第一篇白话小说《狂人日记》就是在这里写的。到了 1919年，鲁迅有了积蓄，购买了八道湾十一号的旧宅院，并投资改造修缮，随后将家人从绍兴接到北京，与母亲，兄弟周作人、周建人及家眷共团圆。在八道湾居住期间，鲁迅写下了《阿 Q 正传》。1923 年 7 月，鲁迅搬到砖塔胡同 61 号（现为 84 号）。在此居住仅短短的十个月时间，但写下了《祝福》《在酒楼上》《幸福的家庭》《肥皂》和《中国小说史略》等作品。1923 年 8 月，鲁迅的《呐喊》小说集由北京新潮出版社出版，书中收录了《狂人日记》《药》《阿 Q 正传》《孔乙己》《故乡》《社戏》《鸭子喜剧》等 14 篇小说，一时间在文坛引起强烈反响。1924 年 5 月，鲁迅又找到一处较满意的院落，搬进了西城宫门口西三条 21 号，这座小四合院是鲁迅借钱买来的，购买后，又按照自己的意思进行翻建。鲁迅南下后，母亲和原配夫人朱安住在这里，鲁迅的大批藏书和部分手稿也存于此。1950 年 6 月，鲁迅夫人许广平将此宅捐献给政府，由文化和旅游部文物局负责接收并进行修缮。

八道湾位于西直门内，地处偏僻，远离闹市，是北京平民百姓居住的很普遍的不知名的胡同。正是因为鲁迅和周作人曾在此居住，人们才认识了八道湾，使得八道湾贵宾云集。（见图 259）

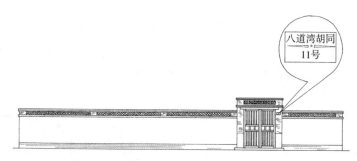

图 259　八道湾胡同十一号南院墙户门示意图

住在八道湾十一号的周氏兄弟生长在同一个家庭，受相同的教育，在青少年时代，他们携手走过一段路。他们都上新学，都投入新文化运动，都以南方文人的身份自绍兴老家来到北京，都将北京作为第二故乡谋生与发展，都在北京大学教书，都是新文化运动中推进新文学"文化革命"的先驱，都是语丝社的领导人，但后来两人却走上了不同的道路。

鲁迅与周作人在同一个院内居住，因生活琐事产生矛盾，即文坛上著名的"周氏兄弟冲突"一事，鲁迅也因此事件于 1923 年搬出了八道湾胡同十一号院，搬进了砖塔胡同 61 号，从此周氏兄弟不相往来。

自此，周作人将八道湾胡同十一号院作为自己隐逸的乐园，将二进院内的正房作为自己的书房，并以"知堂老人"自称，先后给书房取过两个名字：一个是"苦雨斋"，一个是"苦茶庵"，并分别以斋主和庵主自命。周作人在八道湾胡同十一号院写下了《雨天的书》《自己的园地》等著作。周作人在八道湾胡同十一号院居住了近半个世纪，直到 1967 年逝于此。

鲁迅在八道湾胡同十一号院仅住了 4 年，而周作人则在此居住了 48 年。鲁迅在北京共居住了 14 年，于 1926 年转去厦门。在 20 世纪 30 年代，文坛上形成了南有鲁迅，北有周作人，各占文坛半壁江山的局面。

八道湾胡同十一号院属民间小式建筑，均为清水脊合瓦屋面。最先进入的是一个空旷的宅院，院内设一个人工水池，院墙及宅门为花瓦顶轱辘钱做法（如图 260、图 261），而后才是四合院的正门，为屋宇式广亮门，但与南倒房为一条脊做法（见图 262），进入广亮门，才是四合院的一进院。一进院与二进院之间没有气派的垂花门，只是一道花瓦顶轱辘钱做法的院墙，在墙的中央开设一方形门洞，进入二进院正面是五间的正房（见图 261），便是周作人的书房兼客房。东西配房各三间，在正房的东侧，有一处不规则的靠院墙而建的小房子，是当年宅院的浴室，供家人沐浴，现建筑保留，但无门窗，是房改后的地下车库出入口，暂封堵，未使用。三进院是家人的居

图 260　鲁迅故居后罩房正立面图

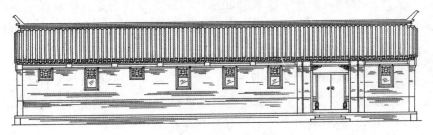

图 261　鲁迅故居倒座房南立面图

住处，九间一条脊的后罩房，为硬山建筑清水脊合瓦屋面。（见图263）

图262　鲁迅故居正房正立面图

图263　鲁迅故居正房背立面图

八道湾胡同十一号院因确定为鲁迅故居而保留下来，决定对此进行保护性修缮。首先将大杂院的居民妥善安置，拆除大杂院多年形成的私搭乱建房屋，恢复四合院的本来面貌。对原建筑逐栋进行房屋普查，根据房屋损坏程度确定修缮方案。对房屋木构架损坏严重的采取落架大修方案，对屋面瓦件损坏严重的采取挑顶大修方案，建筑的木构件糟朽的可更换，柱根糟朽的可墩接，砖瓦件损毁严重可补充新砖瓦；阶条石、踏跺石风化严重的可更换；屋脊蝎子尾在"文化大革命"中被砸毁，要恢复，前檐外装修，门窗样式不再恢复民国时期的步步锦，恢复到拆除前的简易棂条及玻璃屉做法，以便采光。椽头采用万字、百花图案，油漆地仗按传统一麻五灰做法，油饰一律为二朱红或铁红。屋宇大门上方悬挂黑漆金字的由沈鹏题写的"周氏兄弟旧居"匾额。

（十七）前公用胡同 15 号院修缮工程

西城区前公用胡同 15 号院为北京市文物保护单位，建筑形制为砖木结构古建筑，现为西城区少年宫用房，于 2002 年由北京市文物局和西城区教委共同确定修缮方案，由北京市日盛达建筑企业集团有限公司进行抢险修缮施工，于 2004 年 5 月竣工。

该四合院坐北朝南，由三路院落组成。总建筑面积为 1726 平方米（见图 264）。该院建筑由于年久失修，瓦件破损，屋面漏雨，垂脊严重残损，排山沟滴大部分残损，椽望糟朽，檐口多处弯垂变形，垂花门博缝板糟朽、残损，墙面砌体酥碱，阶条石、垂带石、踏跺石风化残损严重，部分建筑大木构件糟朽、柱根糟朽，造成大木构架歪闪，需进行抢险修缮。

抢险修缮工程包括中路的正房、耳房、东西厢房、敞厅（见图 265）及游廊，东路的正房、耳房、东西厢房、后罩房、垂花门、东配房、倒座房及游廊，西路的正房、耳房、东西厢房、垂花门、倒座房及游廊，庭院尺四方砖甬路铺墁及海墁。

依据勘察结果确定施工方案，包括一般大修、挑顶大修和落架大修。对残损较轻的建筑，进行屋面局部换瓦，墙体局部拆砌或挖补摘砌，门窗隔扇重做地仗，油饰翻新。对屋面挑顶大修的经揭瓦、铲除泥背、灰背后更换部分椽望，检查大木构件损益程度，确定更换方案，补齐更换损坏的檩、垫、枋及椽望。对残损严重的瓦件、垂脊、排山沟滴、博缝砖按原制恢复补配。对落架大修的重新鉴定大木构件的损坏程度，柱子损坏严重的可更新，柱根残损的采取墩接措施继续使用，檩垫枋糟朽、变形的可更换，重新进行大木安装，同时，对损毁风化严重的阶条石、垂带石、踏跺石、角柱石进行更换补配。

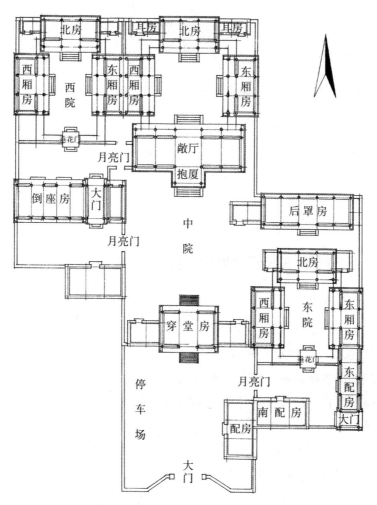

图 264　前公用胡同15号院平面示意图

　　经修缮的建筑主要工作量包括补齐、配齐残损瓦件，排山沟滴80%，更换糟朽严重的木椽50%、博缝40%，落架大修，补配更换糟朽及断裂的大木构件60%，补配倒挂楣子80%，拆砌山墙、后檐墙80%，补配阶条石15%，垂带踏跺石100%，拆砌槛墙100%，按原规格补配墁地尺四方砖、木隔扇、玻璃屉、槛框，更换40%。

　　油漆地仗采用一麻五灰传统做法，油饰三遍漆成活，绘制苏式彩画。

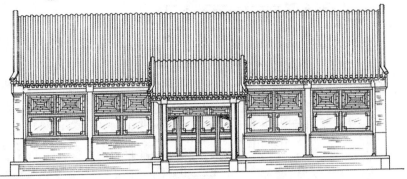

图 265　前公用胡同 15 号院敞厅立面图

（十八）崇善里 5 号院翻建工程

西城区崇善里 5 号院，原为传统民居，由北京市房地产开发经营总公司开发，北京市第一房屋修建工程公司设计，北京市朝联古建筑工程修缮总公司负责施工，于 1992 年拆除老旧的大杂院，改建为地下一层，地上部分建筑两层的仿古四合院，建筑面积为 1247.29 平方米。该院坐北朝南，进入大门，除屋宇式金柱大门，其余六间南倒座房按功能分别是传达室、会客厅及卫生间。东西厢房分别是休息室和荣誉证书的陈列室（见图 266）。正房为两层五开间带前廊的硬山建筑，为会议室（见图 267）。后置房为二层七开间的硬山建筑，主要房间为办公室、活动室。

地下基础部分采用挖槽护坡及建筑物的垂直承重做法，采用独立柱基及承重墙做法。

依据地质报告资料和技术要求，选用 ϕ 300 机械钻孔灌注桩及 ϕ 800 人工挖孔灌注桩做法。要求桩端伸入细中砂土层中 ≥ 500，操作时机械钻孔，做到随钻孔随灌注混凝土，人工打孔桩须做混凝土护壁，以免塌孔。桩顶承台梁采用土模完成，桩的主筋锚入承台梁内 30 倍（30D）并配有暖气沟。

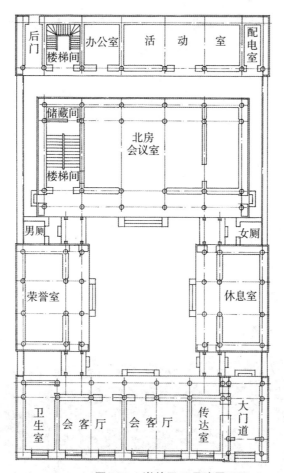

图 266　崇善里 5 号院平面图

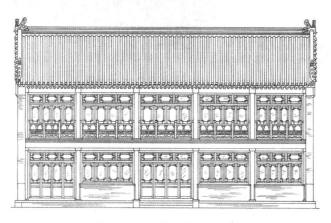

图 267　崇善里五号院北房会议室正立面图

建筑主体结构为混凝土框架，墙体里皮采用多空黏土砖砌筑，并内衬聚苯板保温，外皮采用传统的亭泥砖干摆、丝缝做法。屋面采用传统小青瓦，规格为 2 号筒瓦。正脊带吻兽，垂脊为狮马兽做法。庭院采用传统方砖甬路、海墁及条砖散水。室内地面、墙面、顶棚及卫生间按现代装饰装修做法。外檐门窗装修均采用传统木隔扇形式，隔扇心屉为灯笼框式样。

　　油漆做法，仿大木的檩、垫、枋及槛框采用一麻五灰地仗，隔扇及安装的木椽采用单披灰地仗，三道漆成活。上下架大木槛框、隔扇大边为铁红色，连檐瓦口、倒挂楣子、坐凳楣子大边刷朱红色。椽子为"红帮绿底"做法。隔扇心屉及坐凳楣子棂条刷绿漆。彩画做法，檩、垫、枋三件为掐箍头搭包袱苏式彩画，百花图箍头。倒挂楣子棂条按青绿相间分色，花牙子为纠粉做法。

　　阶条石、垂带踏跺石、角柱石、埋头石均为青白石传统做法。（见图 268）

图 268　翻建后的崇善里 5 号院

（十九）十三陵林场瞭望塔仿古建筑工程

　　1992 年，北京市日盛达建筑企业集团有限公司的前身——北京市朝联古建筑工程修缮总公司承接了十三陵林场瞭望塔仿古建筑工程。

　　瞭望塔坐落于北京市昌平区十三陵水库东北方位海拔 640 米的蟒山之峰，塔高为 33.47 米。

瞭望塔采用现代钢筋混凝土结构，为内六层（见图269）、外五层（见图270）、六角形阁楼式塔（见图271）。均为琉璃瓦屋面，其中，首层和顶层为绿琉璃瓦黄剪边，宝顶、脊兽、小跑、猫头、滴子、钉帽为黄琉璃，其他各层一律为黄琉璃。塔身外墙面贴仿古面砖、干摆做法。

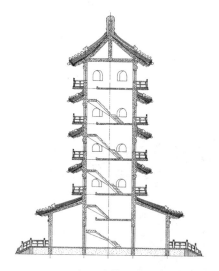

图269　十三陵林场瞭望塔剖面图

图270　十三陵林场瞭望塔正立面图

首层露台栏板为汉白玉石、阶条石、垂带石、踏跺石、埋头石均为青白石。其他各层挑台栏板均为白水泥抹灰，仿古汉白玉。

仿木构件的混凝土面层抹光后做血料水泥腻子地仗，磨细后钻生桐油。需绘彩画的部分不钻生桐油。

首层外檐的檩、垫、枋绘金龙金线大点金旋子彩画，二层以上外檐绘金线小点金锦枋心旋子彩画。椽头做万字、栀花图案。

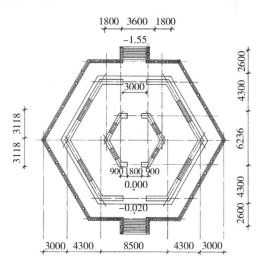

图271　十三陵林场瞭望塔首层平面图

（二十）华声天桥民俗文化园仿古建筑工程

华声天桥民俗文化园位于朝阳区高碑店，为保留北京老天桥文化而兴建。

2007 年由北京市日盛达建筑企业集团有限公司承建华声天桥民俗文化园仿古建筑工程，建筑面积 3 万余平方米，为混凝土框架结构仿古建筑。（见图 272、图 273）

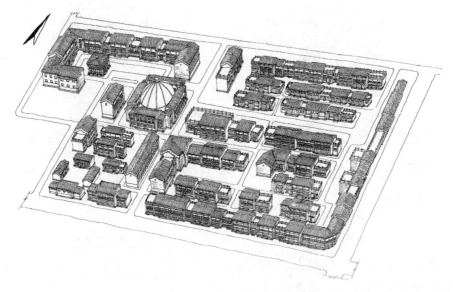

图 272　华声天桥民俗文化园鸟瞰图

建筑布局采用连排建筑，拟仿胡同或街道组成的北京老天桥市场的格局。连排组合建筑有长有短，有一层的建筑、有两层的建筑，其屋面形式有歇山、清水脊筒瓦，有平顶带青白石栏杆的，特殊的摔跤馆采用四面二层围屋、中间为穿顶屋面的形式（见图 274）。墙面采用传统亨泥砖干摆及丝缝做法，部分采用贴面砖仿古做法。阶条石、垂带踏跺、如意踏跺、角柱石、埋头石均采用青白石剁斧做法。仿木构件的檐柱、檩、垫、枋、木椽、连檐均按传统一麻五灰或三遍灰做法，油漆为三遍成活。彩画均为苏式彩画做法。

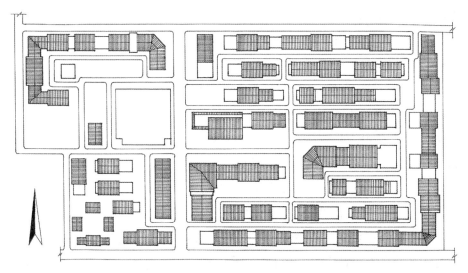

图 273　华声天桥民俗文化园仿古建筑平面布置图

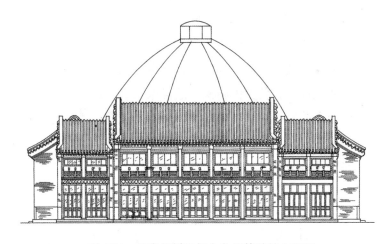

图 274　华声天桥民俗文化园摔跤馆立面图

　　北京的天桥,既抽象又具体,在封建帝制年代,皇帝称为天子,即老天爷的儿子,百姓称为子民,皇帝每年要走出紫禁城,出了天安门,走天街,再出正阳门,上天桥,这就寓意皇帝上天了,然后到天坛举行隆重的祭天仪式,祈求风调雨顺,五谷丰登,繁荣昌盛,国泰民安。

　　自清军入关后,八旗入驻京城,汉人一律被驱赶到南城居住。在此生活的平民百姓,也需要生活用品的交易及游玩娱乐,集中地就在天桥地带。这样,逐渐形成了天桥市场,百姓称之为逛天桥,久之,天桥就具体化了,

形成了固定的地点。

天桥市场由街道、胡同组成，其间布满了大小店铺，街道之间的空地就是露天的娱乐场所。

逛天桥，可购物，品尝北京小吃，也可逛戏园子听戏，戏曲内容有：京剧、蹦蹦戏（评剧）、梆子、大鼓，还可到评书茶馆听评书。此外，天桥还有打把式卖艺的、演杂技的、变戏法的、拉洋片的、说相声的、摔跤的……

天桥市场百姓的市场，中华人民共和国成立前，走进天桥市场，未见其人，便闻其声，各种叫卖混成一片。

例如，天桥的估衣铺为了招揽顾客，在敞开的门脸儿里安排两个穿长袍的伙计站在木板钉成的高台上，一呼一应地大声叫卖，夸耀自己手里的布头如何好，两人一逗一捧，一喊一跺，有板有眼，比演戏的还热闹。

天桥卖估衣的行业，就是把从别处买来的衣服加价出售。估衣行卖的衣服一般都是穿过的旧衣服，购买者也都是社会底层的平民百姓。估衣行的店铺一般都漆成深颜色，或黑色或灰色，而且店铺内光线昏暗，即使采光好的铺面，也要遮挡窗户，使屋内暗淡，这样做的目的是让顾客在挑选衣服时走眼、看不出旧衣服上的缺陷。估衣铺的规矩是，顾客挑选的衣服，售出概不退换。也就是说，估衣铺故意将店铺的光线弄得暗淡，主要是为了欺骗顾客。其实，平民百姓又何尝不知道估衣行业中这里的道道呢？但是又没钱买新衣服，只能到这里购买些旧衣服。

评书艺人，就是江湖上说书的。评书源于清代康熙年间，那时没有专门的评书茶馆，都是撂地摊做生意。评书艺人各有流派，可分南北两大派，北派评书又分三大支派，以"三臣"为三个支派的代表，即何良臣、邓光臣、安良臣，中华人民共和国成立前老北京说书艺人都有师傅，没师傅没门派是不能生存的。无门派随便找地说书挣钱的是要被江湖同行来携他的家伙的。携家伙，就是在你说书的时候，同行艺人迈步进入场子，用桌子上的毛巾盖住醒木，再把扇子横在毛巾上，然后看说书的怎么办，这时，说书的要说出行话，且对答如流方可继续说书。无门无派的说书人，没有师傅教他行话，自然回答不上来，这时同行就可以把说书人的所有说书工具，连同挣的钱拿走，不准其继续说书。

清光绪年间，评书艺人才有固定的评书茶馆。评书艺人一般都由茶馆主人邀请，茶馆统一卖票，说书人挣钱多少，要看上座率。水平高的说书艺人会被各个茶馆争相邀请，水平低的日子就不好过了。天桥说书的就属这一类，只要找块空地儿，摆上个八仙桌，桌上放一块香檀木，内放鞭杆香一根，扇子一把，毛巾一条，收钱的小竹筐一个，桌前摆些长板凳，待听客陆续到来就可以开说了。那些年月，评书艺人的社会地位很低，除了少数有名气的外，其他评书艺人往往过着朝不保夕的生活。

大鼓是一种传统的曲艺形式。相传周朝周庄王曾经击鼓化民，以正风俗，大鼓正是由此逐渐演变而来，已有上千年的历史了，因此，唱大鼓的将周庄王作为本门的祖师爷。

唱大鼓的基本工具是鼓、弦、醒木。大鼓上面镶有百个铜钉，象征文王百子，鼓架子由六根竹竿制成，其高度因人而异。唱大鼓的艺人要具备相应的条件，首先相貌要端正，鼻直口阔，面白唇红，讲行话套话顺溜。其次，说唱口齿清楚，吐字发音准确，嗓音洪亮。最后，形态动作要优美，有表情，一举一动要学京剧中的生、旦、净、末、丑的样子，才能登台献艺。

在天桥听大鼓的大多是下层劳动人民，所以，唱大鼓的艺人要迎合他们的口味，选择的曲目要通俗易懂，说唱的人物故事多为《杨家将》《岳飞传》《水浒》《三国演义》《西游记》《封神榜》一类的通俗段子，别唱《汉书》《资治通鉴》《史记》一类的史书内容。

唱大鼓的艺人大多在天津、大连、济南等地卖艺，只有一流的唱大鼓艺人才敢到北京天桥献艺。因为北京是几百年的皇城，知识分子、知书达理的人多，市民不好糊弄，否则北京人不买账。

相声艺人都有自己固定的场子，北京的天桥就是相声名家名角受聘于此的相声场子。

相声艺术源于北京，是清康熙、乾隆年间由"八角鼓"的说唱形式演变而来的。八角鼓一面有鼓皮，鼓旁有黄穗，八角寓意八旗子弟。八角鼓分为八种演奏形式，即吹、打、弹、拉、说、学、逗、唱。说唱者手执八角鼓能够见景生情、随机应变，当场抓哏，随编随说，风趣幽默、俗不伤雅、谐而不厌，只要一抖落包袱，逗得观众畅怀大笑，就达到目的。他们还用不同的面目表情和声音仿做聋、瞎、哑，变成痴、呆、傻，自称其表演为相声。

相声艺人的知识丰富，见多识广，思路敏捷，多才多艺，表演时还能用白沙写字，口里唱着"写上一撇不像字，饶上一笔念个人，人字头上点两点那是火，火到临头灾必临，灾难下面张大口，劝众各位得容人处且容人"，同时，手打竹板，有板有眼，其内容具有教育意义。

北京人逛天桥都喜欢听段相声，观众既可以买票进场子坐着听相声，也可以不花钱在场子外站着听，说相声的不怕人多，越是人多越是有人捧场，他们越高兴。每说完一段相声，艺人便开始要钱，先是在场子里坐着的观众往场子里扔钱，站在场外的观众全凭自愿，给不给钱都行。当然收钱的人也很会说如"各位看官，承蒙您赏光捧场，给小的一口饭吃，帮人帮到底，救人救个活，哪位再赏个脸，让小的也凑个整"，于是还会有人往场子里扔钱。

在天桥打把式卖艺的，也是逛天桥百姓爱看的。把式是武术的俗称。许多习武之人没有正当职业，由于生活所迫，出于无奈，才拉下面子，沿街卖艺，在众人面前舞拳弄棒，博众人一乐，混口饭吃。

在天桥打把式卖艺，要想平地扣饼，素手求财，还要按江湖上的规矩拜师学习调侃的功夫。把嘴皮子练利索了，这叫"夹磨"，卖艺人夹磨好了，才可以闯荡江湖。

卖艺人开场前先要大声嚷嚷吸引观众，再练个小把式，当观众围得里三层外三层时，算是圆了个场子，然后再使用"拴马桩"，把观众拴住，就是卖艺人靠自己的一张嘴，尽量调侃，使观众舍不得离开，看他的表演，最后乖乖地掏钱。

开练时，师徒二人对练，都是自己的拿手好戏，二人手执刀枪，功夫娴熟，你来我往，博得观众喝彩，一套功夫下来便按照规矩将刀枪往场子里一横，开始收钱，观众给与不给、给多给少全凭自愿，收钱后再接着往下练。

打把式卖艺的人里，真正的武林行家很少，大多是一瓶子不满半瓶子晃荡的二把刀，他们还时常在卖艺的同时，卖一些刀伤枪伤跌打药，调侃鼓吹他们的膏药如何好，不论是磕碰、闪腰、岔气、腰酸腿疼、筋骨麻木，还是跌打损伤，贴上膏药均能舒筋活血、立马止痛。其实这些药也未必如此神奇，那时以打把式卖艺为生的人总是靠真真假假、虚虚实实的本事养家糊口，碰上卖假药的也是常有之事。

在天桥的一块空地上，有一个搭得比其他棚子高得多的杂技席棚，是天桥著名的"飞飞飞"的杂技场。民国时期，天津的曹凤鸣带领他的五个儿子到北京闯世界，技场叫"飞飞飞"，表演单杠功夫。中华人民共和国成立前夕，五个儿子也长大成人，单杠演技娴熟。寒风中，曹氏兄弟赤膊上阵，穿上黑色彩裤，腰扎练功宽带，精神十足，轮番出场。先由老大带头，其余兄弟依次跃上单杠表演大鹏展翅、大纺车、双裹燕、乌龙绞柱等功夫，其动作回环、摆动、转体、屈伸、空翻十分惊险，表演时杠木剧烈颤动，带动杠腿上的小铜铃叮当作响，技艺出神入化，赢得阵阵掌声。

天桥的摔跤场是必逛的，北京天桥的跤手源自清代皇帝的扑户、近卫军、保镖，他们武艺高强。清帝逊位后，一些人就到天桥靠摔跤谋生。有名的满宝珍、沈三，一直延续到第二代、第三代宝三（宝善林）和张狗子等几位高手，他们无论是说江湖开场子，还是下跤场练跤都透着一股英武豪迈的气概。

天桥变戏法的也是逛天桥的大人小孩都爱看的。戏法是艺人用迅速敏捷的技巧或特殊的装置把真正的动作或实际情况掩盖起来，使观众产生错觉的一种表演方式。

天桥的戏法艺人表演时，也要有一套开场白，目的是顺利地表演下去，不然遇到行家里手当场揭穿他们的把戏或因话未说到被地头蛇挑了礼，砸了场子可就难堪了，只能收拾东西，夹起尾巴溜走。

天桥地摊表演戏法儿，徒弟们开始准备道具，师傅要使出"拴马桩"，变几个小戏法来吸引观众，只要有几个人围观，观众就会越聚越多。同样，如果有人退场，其他人也会不自觉地陆续退场，为此师傅会千方百计留住观众。当观众多起来时，师傅便开始表演，节目有仙人摘豆、金钱抱柱、破扇还原、巧变鸡蛋、空盆变烟等，还有吞宝剑、吞铁球、大变酒席、口内喷火等硬功夫戏法。

艺人每演一段戏法就会停下来，徒弟们就会端着盘子向观众讨钱，然后再演，再讨钱。

天桥还有拉洋片的，即一个艺人站在大洋片箱前，说唱画片中的内容，另一个负责换片，当时有名的拉洋片的艺人是焦金池，外号叫大金牙，其徒弟叫罗佩林，外号叫小金牙，演艺时师徒二人合作拉洋片。

不论天桥艺人做什么生意，他们都有一套自己的生存之道，以一套闲话吸引游客，由少聚多，围成气场，真功夫可轻易不露呢。有句话叫"天桥的把式，光说不练"，后来竟形成了歇后语，即俏皮话。就是艺人在开演前，先自述"光说不练假把式，光练不说傻把式，这回咱们连说带练着"，嘴里这么说着，其实还没开练。他们的经验是看准逛天桥的游人多、流动性大，艺人不能闷头傻练，否则游人看完就走了，不给钱，他们不得不用话拢住游客，引起他们的兴趣和同情，再拿出他们的技艺或绝活，在这关口上，可托盘收钱，所以他们要说练结合。

中华人民共和国成立后，在党和政府的关怀下，成立了各种剧团、曲艺团，那些唱戏吃开口饭的梨园子弟才成为演员，其中出类拔萃、艺术精湛的被称为表演艺术家，评书艺术发扬光大；唱大鼓的也称为曲艺艺术，变戏法的被称为魔术师。就此，北京老天桥上的这些行业也就消失了，但是一直保留着传统天桥文化精神。

在20世纪60年代，天桥市场没有了。90年代，随着改革开放的步伐，城市房屋改造，天桥市场彻底消失。但人们的记忆没有消失，传统的天桥文化尚存。在90年代末，天桥又寻机择地，在朝阳区华威南路（现地名）的一块空地上建起了象征性的天桥文化市场，除了各商铺外，还建立了摔跤场，恢复了摔跤项目。一时间，人们好像又找到了老天桥的感觉，纷纷逛起了"老天桥"。但是，好景不长，又因政府规划占地，新兴的天桥又无家可归，被迫遣散。后政府又协助择地安置商户，便在朝阳区东三环路十里河桥边的一块三角地段临时建起了"十里河天桥文化城"。

2007年，政府为了保留北京老天桥的传统文化，建立固定的天桥市场，选择在朝阳区高碑店地区兴建了华声天桥民俗文化园，以传承老天桥文化。

（二十一）潘家园旧货市场仿古建筑商用房工程

为了完善潘家园旧货市场的建设，迎接2008年奥运会，接待外国友人、奥运健儿游览光顾潘家园旧货市场，朝阳区政府协同市场管理部，共同研究确定市场的建筑改造方案，决定将北院墙拆除，兴建临街二层的仿古建筑，将现有简易彩钢板二层大棚改造成具有民族建筑元素、专营古典家具的商场（见图275），并确定由北京市日盛达建筑企业集团有限公司完成仿古建筑工程任务。

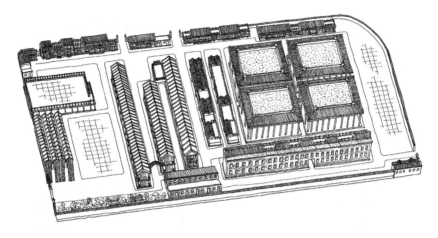

图 275　潘家园旧货市场鸟瞰图

潘家园旧货市场能够稳定下来，成为世人关注的一大市场，也是经过历史变迁而产生的。

潘家园旧货市场的前身是在崇文区东花市铁辘轳把至白桥地段的晓市（晓市是指天不亮开市，日出而收摊，也称为"鬼市"，其所卖物品有些来路不明，有鬼鬼祟祟偷卖之意），晓市的形成又要追溯到清乾隆年间，那时崇文门外的花市是京城最大的手工业区，以制作宫廷仕女佩戴的绢花而闻名，当时流行的说法是"天下绢花在北京，北京绢花在花市"，这条街道也正因此才叫"花市"。并成为京城繁华热闹的地区之一。

花市商业街虽说是以绢花生产制作而得名，但也相应带动了其他行业的发展。那时花市一条街的店铺林立，有300余家，其中花庄、花店7个，首饰店14个、饭店12个、杂货店44个、铁器店21个，还有其他的小吃店、油盐店、副食店、粮店等。其中闻名的"青山居"玉器市场就坐落在花市大街北羊市口路西，即上四条二十一号。老字号"青山居"最早并不是经营古玩玉器、文房四宝的店商。它在清代是由山东人在京城开设的一家黄酒馆兼茶馆，取名"青山居"。那时京城还没有玉器市场，只有十几家古董铺。清末民初，八旗子弟、王公大臣没有了俸禄，生活艰难，只得靠变卖古董字画、玉器珠宝来维持生计，由此便衍生出许多古董商。商人们为了淘宝而相聚于青山居，边喝黄酒边饮茶，同时谈生意。20个世纪20年代，青山居被玉器商人以3000大洋买下，并投资改建成玉器市场，自此，青山居的生意兴隆，名扬海内外。"九一八事变"后，花市的生意衰落。中华人民共和国成立后，青山居玉器市场也改为大众电影院，但花市的繁荣还是依旧，还是"京师百货所聚"之地。

受青山居玉器市场的影响，场外的玉器珠宝、古董瓷器、文物字画的交易也应运而生，他们的交易活动在花市大街的东端，自铁辘轳把至白桥地段逐渐形成了"晓市"。（见图276）

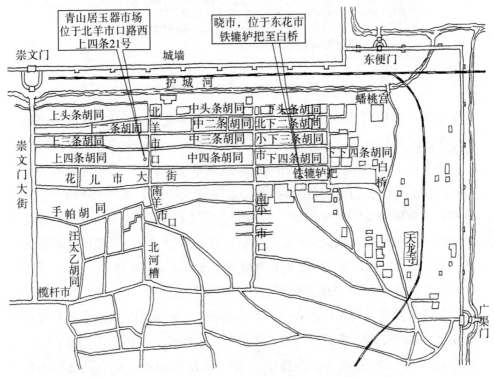

图276　位于东花市的晓市位置示意图

晓市均为地摊儿买卖形式，商家可免去店铺的租费，逛地摊儿的可随意观看或把玩问价，可买可不买。晓市的地摊所卖货色品种繁多，有珠宝玉器、瓷器、陶器、铜器、木器、文房四宝、字画书籍、石料印章。还有杂物摊儿，经营日用杂品、儿童玩具。还有破烂摊儿，卖一些旧衣服、旧鞋、残破的皮箱、火炉子、烟囱、小煤铲、柳条筐、针线笸箩等杂物。

20世纪80年代末，市政府为了改善当地居民的住房水准，决定将花市大街东端自下头条至下下四条及白桥地段进行危房改造。在大环境变动下，位于铁辘轳把至白桥地段的晓市地摊儿受到影响，被迫迁移择地。

民间的晓市都是自然形成的，没有哪个部门负责，不会有哪个部门因拆迁而为其选择新址，或自生自灭，或顺其自然。那些经营地摊儿的商户是不甘心因失去场地而停止交易活动的，他们挖空心思寻找适合地摊儿的场地。

20世纪70年代末，国家提出了"建设四个现代化"的目标，为改善居民的居住环境，解决百姓住房困难的问题，开始兴建配套设施齐全的现代化居民小区，那时选择了广渠门外农业新村生产队的农田，在位于架松的地区开发建设大规模的居民小区。清代王爷坟墓前有一片松林，古松枝叶茂盛，悬枝偏离重心，为保护古树采取支架方法，"架松"因此得名，小区也被命名为"架松小区"，后被国家领导人更名为"劲松小区"。小区规划建10个区，最后因拆迁困难建了9个区。80年代中期已建好一区、二区、三区、四区并投入使用，其余各区在建设当中。劲松小区的南边缘地带是一片空旷场地，并铺设了一段柏油路（后命名为华威路）（见图277），精明的地摊商户发现了这块可经营的场地，一时间苦于无法经商的铁辘轳把地摊商户一股脑儿地迁移过来。他们自觉地在便道上划出自己的地域，自觉地分类经营，形成了自然和谐的大市场。随着地摊的知名度越来越大，一些外地的商户也陆续赶来，近点儿的有天津，河北白沟、雄县的，远道的有山西、陕西的。他们每逢周六到京，晚上住店，第二天很早就进入现场占据有利位置，将他们带来的古玩字画、坛坛罐罐展示出来。逛地摊的人除了当地人、本市人，还有远道而来的外地人，大多数就是图个热闹，纯粹是逛。但也有一些有心人，他们是淘宝者，有的是为自己的店铺来抓货经营的，有的是早期抓货，后来成为收藏家的，有的是手里有俩富余钱儿，看着好玩随意买下的。

那个年代，人们的工资收入每月只有几十元钱，如果买一件50元的心爱物件就相当于一个月的工资，所以人们也都很谨慎。当然，商户标价也不会很高。当然，这里也有怀揣上千元的大买主，他们的见识领先于一般人，有眼力，他们看上的货通过砍价成交。例如，一件早年间老太太戴的大绒帽子，50元买下，买后却说"我不是为要这帽子，而是帽子上镶的翡翠，这块翡翠可值伍佰圆"，当时卖主十分后悔。还有卖石仔儿的，一块钱一块，经砍价五毛钱一块，买主将五毛钱一块的石仔儿拿到琉璃厂鉴定，发现是田黄石，如放在店里卖标价 5000 元，如要现金可值 3000 元。还有的人花 50 元钱买了一把没有剑鞘、锈迹斑斑的内侍宝剑，回家后用砂纸打磨锈迹，却发现剑把是纯金的，经鉴定虽说含金量纯度不高，但毕竟是金质的，早已超出50 元价值若干倍。这样的故事在当时的地摊上还很多。

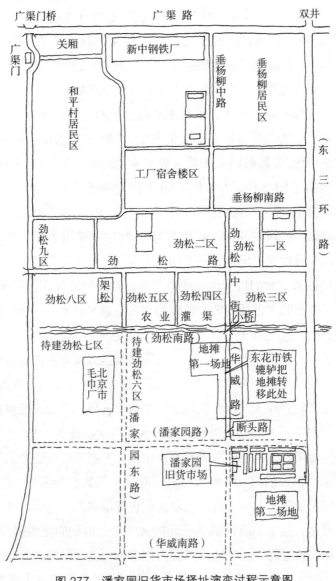

图 277 潘家园旧货市场择址演变过程示意图

地摊的形成带来了环境卫生问题，收摊后一片狼藉，为此当地办事处市容部门加强管理，每个摊位收取几元钱的卫生费，雇清洁工打扫现场。这一举动也相对地承认了地摊商户经营的合法性。

由于地摊儿的红火，场地不够用，发展到两边的土坡之上，凡是逛地摊的人都会弄得一身灰尘，但也乐此不疲。好景不长，道路两侧的土地被征收，开发建大楼，地摊商户又面临迁走的局面。

经过一段时间，商户又选择南移到几公里以外的另一块空旷的土地继续经营（现在的河南大厦位置）。地摊的迁移并没有影响其知名度，不但逛地摊儿的人追着市场走，就连外国人也前来光顾，人们称老外是"国际倒爷"，确实他们也懂中国文化，喜欢中国的古董。其中有一商户在北京密云山区居民家中花了 1000 元收购了一只盘子，在地摊上卖给一个老外，经砍价 30 万成交，而且老外还说在中国这盘子就值 30 万，结果这只盘子在国际拍卖行以 400 万港币拍卖成功，并刊登在拍卖行的出版物上。那个年代，只要手里有钱还真能淘到宝物。

几年的光景，地摊的场地又要兴建河南大厦，商户们又面临重新择地。但这次迁移与上次有所不同，地摊儿已有相当的知名度，在这种情况下，朝阳区政府经几番研讨论证，确定朝阳区的建设发展规划，以顺应民意为主题，打造本区特色产业，决定为地摊商户选择固定地点，即东临东三环南路，北临潘家园路，西临华威路。从此地摊有了合法的身份，并由朝阳区领导题字命名为"潘家园旧货市场"。（见图 278）

看着地摊日益发展，商户风餐露宿，日晒雨淋，管理者决定出资建起大棚，以缓解商户露天经营之苦。

随着古玩行业的发展，为提升潘家园旧货市场的管理水平，政府又出资分期分批建设具有民族特色的仿古建筑，供古董商使用，以保证货物的安全，免除商户每天搬运物品之苦，同时完善配套设施，建立机动车停车场、非机动车停车场、餐饮部、卫生设施。

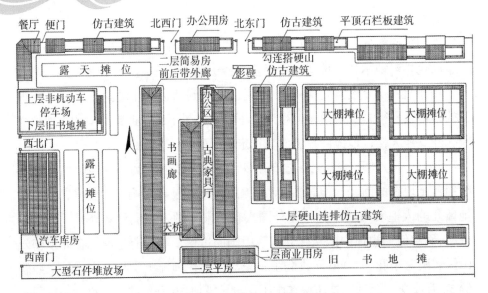

餐厅 便门 仿古建筑 北西门 办公用房 北东门 仿古建筑 平顶石栏板建筑

露 天 摊 位

二层简易房 前后带外廊

勾连搭硬山 仿古建筑

上层非机动车 停车场 下层旧书地摊

影壁

西北门

办公区

书画廊

古典家具厅

露 天 摊 位

大棚摊位 大棚摊位

大棚摊位 大棚摊位

天桥

二层硬山连排仿古建筑

汽车库房

西南门

大型石件堆放场

一层平房

二层商业用房

旧 书 地 摊

图 278 潘家园旧货市场平面示意图

　　潘家园旧货市场的仿古建筑，均建成连体式面铺房，或一层、或二层，采用硬山建筑卷棚屋顶与平顶带石栏相间跳跃式风格（见图 279），二层建筑均安装不同图案的挂檐板，沿街建筑前后檐均安装隔扇，形成穿堂式，便于商家经营。建筑结构均为混凝框架外包传统亭泥砖，仿木构件处均按传统做法，施用一麻五灰，三遍漆成活，绘制彩画，沥粉贴金。对于不能改变建筑结构的古典家具大厅，选择在北端入口处增建安装三间连体式垂花门，以增强民族建筑色彩。（见图 280、图 281）

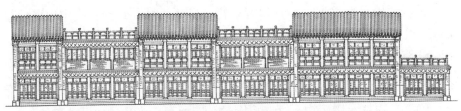

图 279 潘家园旧货市场商业建筑立面示意图

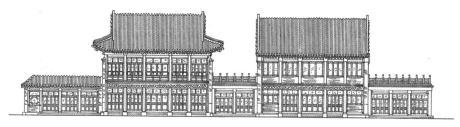

图 280　A 户型组合式商业建筑用房

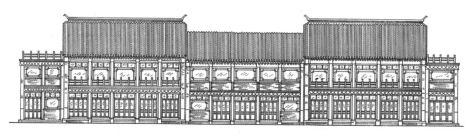

图 281　B 户型组合式商业建筑用房

　　潘家园旧货市场经过历史的变迁，由不稳定的晓市地摊几番周折最终生根定居，再经过多年的不断建设，逐渐完善，形成了品牌大市场，成为京城百姓常逛的场所，也是全国各地百姓乃至外国游客游览光顾的淘宝之地。

（二十二）北京市昌平区县级文物保护单位工程的修缮

　　2016 年，北京市日盛达建筑企业集团有限公司承接北京市昌平区县级文物保护单位工程的修缮任务，共六项。（见图 282）

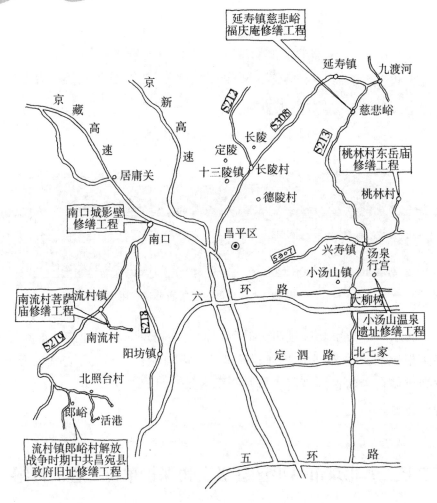

图 282　昌平区文物保护工程分布示意图

1. 昌平区昌宛县政府旧址修缮工程

现昌平区流村镇郎峪村在解放战争时期是中共昌宛县委、县政府所在地，旧址保存基本完好。现保留有聂荣臻指挥部旧址、武装部、县委办公场所及后期建立的革命烈士英雄纪念碑。1948 年夏天，国民党围剿狼儿峪（现为郎峪），制造了骇人听闻的狼儿峪惨案，抓捕共产党干部 26 人，群众 39人，牺牲革命干部 13 人。1996 年，在村口关元场建立了高崖口革命烈士纪念碑，成了红色爱国主义教育基地。（见图 283）

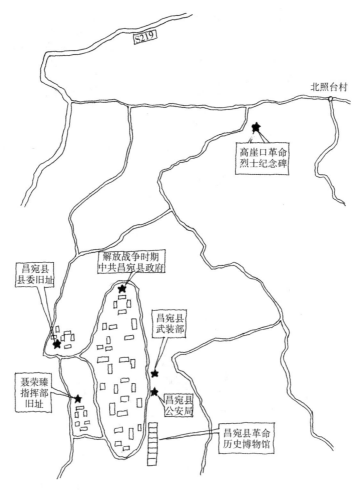

图 283　昌平区流村镇郎峪村红色爱国主义教育基地示意图

　　昌宛县政府旧址为山区普通院落，有北房，东、西厢房，南房，本次修缮建筑仅为北房，建筑面积 55 平方米。该建筑屋面漏雨，檩件受损，墙体残破，需落架大修，更换糟朽的大木构件、全部椽望及部分砖瓦件。

　　该建筑基础台明为虎皮石砌筑方式，门窗为现代铝塑材质，决定恢复传统夹门窗形式，屋面为清水脊仰瓦灰梗做法，当沟为烧制的定型产品，修缮时以前坡为主，不足的当沟补齐后放至后坡。台明垂带踏跺、燕窝石高于地面，施工时保留原样。（见图 284）

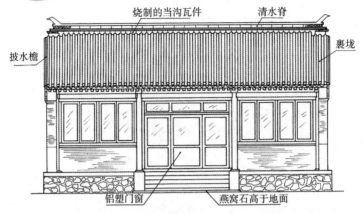

图 284　昌宛县政府旧址北房正立面图

2. 南流村菩萨庙修缮工程

南流村菩萨庙 2005 年公布为北京市昌平区文物保护单位，现为昌平区高雅艺术进农家体验基地流村镇教学中心。(见图 285、图 286)

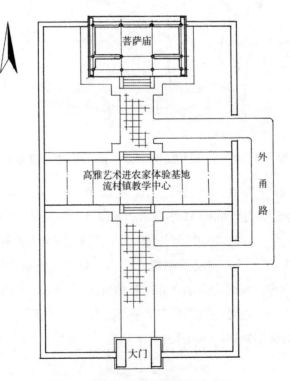

图 285　昌平区南流村菩萨庙平面图

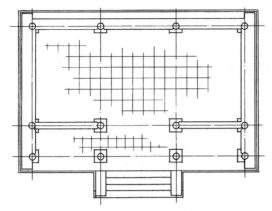

图 286　昌平区南流村菩萨庙平面图

菩萨庙建筑为 3 间大式黑活，建筑面积 87 平方米，筒瓦屋面、大脊吻兽、铃铛排山、垂脊狮马兽，山墙棋盘心虎皮石做法。（见图 287）

该建筑由于年久失修，屋面漏雨，本次修缮采取落架大修。修复后好保留屋面砌上露明铺设石板做法及前廊木构件上的彩画。

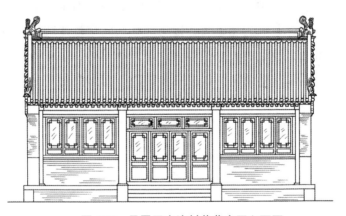

图 287　昌平区南流村菩萨庙正立面图

3. 南口城影壁修缮工程

南口城影壁 2003 年公布为北京市昌平区文物保护单位。南口，北魏时称下口，北齐时称夏口，元朝初年在此筑城，称为南口城。现存城门、部分虎皮墙及影壁。

影壁基座为卵石砌筑，铺设打道台明石，影壁上身四周砌砖，中间为虎皮石墙心，屋面为大式黑活做法，大脊吻兽，垂脊狮马兽，冰盘檐做法，

山面为砖博缝靴头做法。（见图 288）

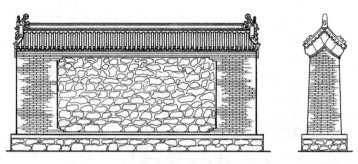

图 288　南口城影壁正立面及侧立面图

该影壁残损严重，正脊、筒瓦残缺，虎皮石墙心灰层风化脱落深陷。

本次修缮剔凿挖补更换墙体砖件，清理填补虎皮石的灰质结合层，添补屋面瓦件及吻兽、小跑，保留影壁原貌。

4. 桃林村东岳庙修缮工程

桃林村东岳庙 2003 年公布为北京市昌平区文物保护单位。该庙建于清朝初年，殿内绘有七十二司壁画。该庙现存三间穿堂建筑（见图 289），为大式黑活，屋面为筒瓦、大脊带吻兽、垂脊狮马兽，现垂带踏跺为一步台阶，修复后，降低室外地平，露出三步踏跺，露出前廊（见图 290）。该建筑挑顶大修，更换部分椽望，补齐残损瓦件，恢复传统外装修。院内方砖墁地，并降低室外高程。

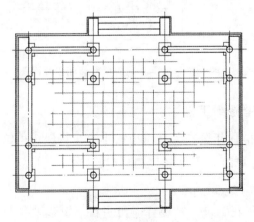

图 289　昌平区桃林村东岳庙平面图

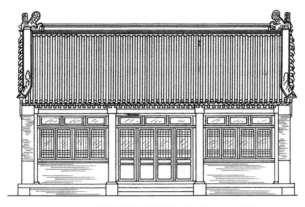

图 290　昌平区桃林村东岳庙正立面图

5. 延寿镇慈悲峪福庆庵修缮工程

　　慈悲峪福庆庵 2003 年公布为北京市昌平区文物保护单位。该庵为两进院，修缮建筑面积为 372 平方米（见图 291）。庵院门户为墙垣门，清水脊筒瓦屋面，冰盘檐，双扇板门。院墙为虎皮石馒头顶（见图 292）。前殿为 3 间穿堂门，带前廊，后檐为老檐出做法，屋面清水脊干槎瓦做法，外装修隔扇槛窗为正搭斜交。（见图 293）

　　后殿 3 间同样是带前廊，正搭斜交隔扇槛窗，屋面清水脊干槎瓦做法。（见图 294）

　　该庵年久失修，大木构架变形，屋面漏雨、椽望糟朽，本次修缮挑顶大修，摘砌墙体残损墙砖、墩接柱子、更换部分大木构件及椽望。

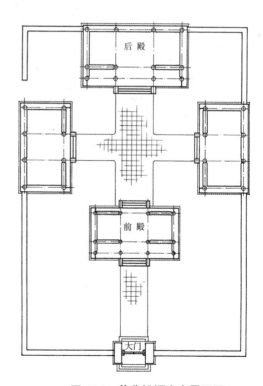

图 291　慈悲峪福庆庵平面图

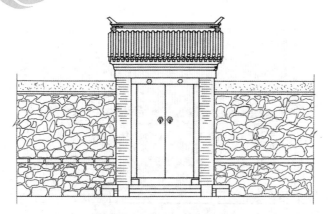

图 292　慈悲峪福庆庵院门

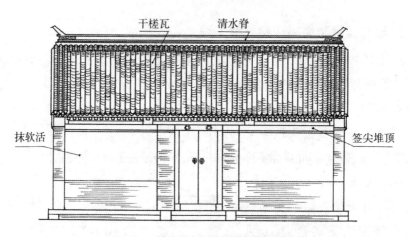

图 293　慈悲峪福庆庵前殿背立面图

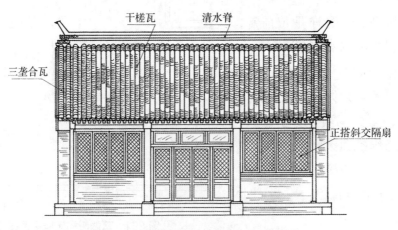

图 294　慈悲峪福庆庵后殿正立面图

6. 小汤山温泉遗址修缮工程

小汤山温泉遗址 2003 年公布为北京市昌平区文物保护单位。

小汤山温泉有两泉：一曰沸泉，一曰温泉，两泉相距很近（见图 295），明朝中叶辟为皇家禁苑，清康熙年间建温泉行宫，至乾隆和嘉庆时期已成为一座皇家御苑。

在二泉以北还存清宫浴室遗址，该浴室在清康熙年间先后修大汤泉，建行宫，建浴室。至乾隆年间再行扩建，分前后宫。后又开辟后阁，设船坞，种荷花。浴室仅为帝王后妃沐浴和避暑之用。慈禧太后亦常来此憩息，在此池沐浴、赏花。

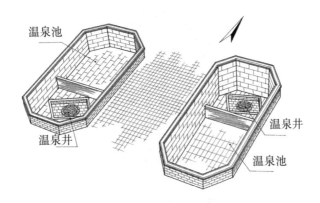

图 295　小汤山温泉遗址

本次温泉遗址修缮，以石材为主，将下沉变形的大型石材砌体重新归安，更换残损的石构件，修复温泉井壁的砖砌体，铺墁泉池周边的方砖地面。（见图 296）

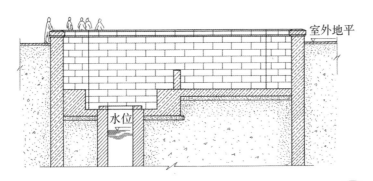

图 296　小汤山温泉池剖面图

中国古建筑

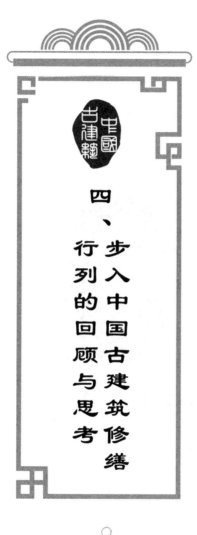

四、步入中国古建筑修缮行列的回顾与思考

中国古建筑

（一）承接东南角楼修缮工程

小时候，我家在北京市原宣武区万佛寺湾果子巷 4 号院，对北京的大街小巷比较熟悉，宣武门城楼、崇文门城楼及残破的城墙也是我经常攀爬玩耍的地方。中学毕业后，我响应党中央号召，插队在北京近郊的南磨房公社。1970 年，大批的待业青年和插队知识青年被分配安置在北京市朝阳区建筑工程公司，我也一样成了一名建筑工人。由于本人身高力大，干活不偷懒、不惜力，颇受人们喜爱，都亲切地叫我大律。经过几年的锻炼以及对建筑专业的学习和在工作上的努力，我成了公司的骨干，当上了青年突击队队长，带领上千人的施工队伍，先后完成劲松小区、团结湖小区、左家庄小区等几十万平方米的居民楼建设工程任务。

20 世纪 80 年代，中国民族建筑的研究复苏了，尤其是在党的十一届三中全会后，有关部门开始重视文物古建的保护、修复工作，并于 1982 年通过《中华人民共和国文物保护法》，为文物建筑的保护指明了方向。

第一个文物古建筑修缮工程的试点就是京城东南角楼。在北京市人民政府的指示和北京市文物局的努力下，经对残损的角楼普查调研，决定做出抢救性的修缮方案。由于东南角楼年久失修，屋面漏雨，部分木构件糟朽变形，木楼梯坍塌，砖瓦破损，室内方砖地面破碎、坑洼不平，周边城墙残破，垛口缺失，甚至仅剩城墙心部分的灰土。我们根据角楼的残损状况及微薄的修缮资金确定修缮方案，揭瓦挑顶，更换糟朽的大木构件、椽望及门窗，修复残损的木楼梯，修补城墙残损部位，更换室内地面方砖及油漆彩画工程。修缮方案确定后，市政府将该项工程任务作为政治任务并交给了朝阳区政府。

由于长期缺乏文物建筑保护意识，当时自然没有古建筑修缮工程项目，

因而也就没有古建专业的施工队伍，只能将这一任务摊派到本区的建筑施工队。就这样，朝阳区政府的领导找我谈话，庄重严肃地要求我克服困难，完成上级交给的东南角楼的修缮工程任务。

我虽然承接了东南角楼的修缮任务，但是说老实话，心里没底，还是有些“打鼓”，全凭着我胆大、敢干，相信世界上没有办不到的事儿。还好，我在农村插队时经常帮人家盖房，什么柁木檩件、步架举架、干摆丝缝、带刀灰、掺泥灰、滑秸泥……这些专业术语我全懂，这也可能是我胆大的原因。

常言道，“知己知彼，百战不殆”。我知道我能飞多高、蹦多远，我不能让困难吓到，我的态度是“战略上藐视，战术上重视”，自己不懂的要去寻找专业人士、去请教有关人员，别看我曾经带过上千人的施工队伍，但能从事古建筑施工的匠人却一个都没有。于是我做出计划，走遍京城，不分昼夜、马不停蹄地去寻找那些退休在家的民间古建专业的老匠人。真是功夫不负有心人，在短短的几天时间内，我找到了热情的瓦作、木作、油漆彩画专业的老技师、老匠人。听到消息的他们兴奋激动，奔走相告，终于有了可以施展古建专业技能的机会了。他们来到我的施工队伍中，吃住在现场，指导并亲自参与施工作业。后来，又有一大批待业青年加入我的施工队伍，老师傅们就边干边带徒弟，毫无保留地传授技艺。就这样，我成立了第一家古建施工队伍——老头队。

那个年代，建筑工程项目，开工前没有现代的施工组织设计等一整套的程序，只要上级交代工程的修缮内容，这些古建施工的匠人就会出色地完成工程任务。但开工前，我都要召开座谈会，也算是战前动员会，强调文物古建筑保护意识，并上升到政治任务的高度，并要积极地鼓励大家。文物部门的专业人员则是强调“角楼修缮要有古意，要整旧如旧”，也就是后来写进文物保护管理条例和文物保护法的保持原状的原则，这在古建筑修缮专业方面也算是口头技术交底了。修缮中特意强调：大木构件能用则用，不能轻易换掉，部分糟朽的柱子要采取墩接的方法，保留原件。对超过 60%~80% 糟朽的构件，如需更换，必须先汇报，经鉴定后再更换。对揭下来的瓦件，要小心存放，筛选待用，缺损的可补齐。破损的城砖，小面积的剔凿挖补，大面积的，拆除墙体边缘，留茬要合理，旧砖清理后还要用上，缺少的可用新砖补齐，施工时要用传统工艺，千万不可用水泥，等等。

座谈会上，我作为施工单位的负责人，也免不了慷慨激昂地表示一番，保证圆满完成上级领导交给的任务，保证按照文物部门提出的保护文物建筑的施工方法完成角楼的修缮工程任务。

经过紧张的施工前期准备工作，按计划于 1982 年 9 月正式开工。施工期间，我每天坚守在施工现场，积极组织施工，布置工作内容，调整施工力量，现场技术交底，检查安全设施，初步鉴定大木构件的损坏程度，做好申请报表工作，统计砖瓦损坏的程度及补充砖瓦的数量，并组织专业技术管理人员，对损坏的构件部位拍照、录像，书写报告。一时间，工地一片繁忙，工程紧张有序地进行着。老工匠师傅们也很兴奋，多年来快失传的古建手艺在这里又能大显身手。瓦、木、油漆彩画各工种之间的穿插作业配合得十分科学严谨，简直都不用我操心就能顺利完成任务，后来体会到这就是中国民间匠人几千年来最古老的传承式施工方式。

东南角楼的修缮工程经过一年多的精心施工，于 1983 年 11 月顺利竣工。由于这项古建筑修缮工程是在提高文保意识后的第一个工程实例，极受社会关注。竣工时，市、区两级政府领导和北京市文物局领导及古建专家一同来到施工现场，视察角楼修缮工程竣工。工程质量验收会上，我们队伍得到了市、区两级政府领导的表扬，这支能打硬仗的古建施工老头队得到肯定。文物局的领导及古建专家们，按照文保的质量标准、传统工艺做法对工程质量进行验收并做出评价，并鼓励我们保留这支新兴的古建修缮的老头队，充分发挥民间老匠人的作用，将技艺传承下去，不能在我们这里断代，还鼓励我们再接再厉，承接更多的古建筑修缮工程任务。

（二）中国古建筑复苏

20 世纪 80 年代，中国的古建筑技术教育、研究、交流活动受到了党和政府的关怀。"文化大革命"期间，大批古建筑被毁，残存下来的也是年久失修，破落不堪，千百年来的古代劳动人民血汗凝聚起来的古建筑被破坏殆尽，古建专业技术也近失传。随着形势的转变，社会上相继成立了学术研讨社会团体组织，召开相关研讨会，提高文保意识，确定发展方向，以保护民族建筑，传承民族建筑文化，继承古代文化遗产。

1982年，我国组建国内第一个"古建园林专业学组"，成立"北京市城建技术协会委员会""古建园林协作组"，聘请古建老专家联合国家文物局、故宫博物院、房管局、园林局、建筑设计院共同组织开展学术讲座、技术培训、考察交流、咨询鉴定等活动，一时间形成祖国大地"古建热"的大好形势。

80年代，古建还在继续升温，1986年在广东省佛山市石湾首次召开古建园林学术研讨会，围绕我国的古建筑园林的保护、复原、设计研究工作进行讨论。1988年，在成都召开第二次古建园林学术研讨会，讨论中国的文化名城或名胜古迹地区兴建开发建设的中国传统形式问题，通过讨论进一步认识到，传统的古建、园林是中华民族古老文化的一部分，传统建筑、园林的保护和创造要注意环境，即意境环境的保护和创造；还讨论了对古建筑文化的保护、对历史建筑的复建与复原，仿古建筑和仿古园林在实际生活和现代建筑中的作用，以及如何努力创造具有中国民族特色的现代建筑。1989年，在承德避暑山庄烟雨楼召开第三次古建园林学术研讨会。

进入20世纪90年代，1990年在陕西省西安市召开第四次古建园林学术研讨。1992年在河南省召开第五次古建园林学术研讨，分别讨论传统建筑园林的生命力问题，并在会议上一致通过《弘扬中国传统建筑园林文化》，呼吁从事古建园林的同行，大力加强传统建筑园林的保护工作，在此基础上要学习优秀的传统建筑文化，努力创造具有中国特色的现代建筑，还要加强传统建筑文化教育，增强民族自信心和爱国主义思想，弘扬民族文化精神，不断为人类做出新贡献。

另外，还对历史文化名城的保护与现代城市建设进行了充分讨论，确定历史文化名城可依据不同地区、不同背景和每个城市的发展脉络建设，在突出历史特色的同时，还要有地方特色，将历史特点和地方特色相结合，处理好文物建筑、仿古建筑和具有民族特色、地方特色的现代建筑关系，继承传统和创新的关系，旅游效益和风貌城市的关系，将我国历史文化名城的保护和建设事业推向一个新阶段。

20世纪80年代，中国的建筑领域呈现出了多元的局面，有仿古建筑的黄鹤楼，新古典主义的阙里宾舍，新乡土主义的武夷山庄，敦煌的航站楼，民族风格的新疆迎宾馆、拉萨饭店，新现代主义的广州白天鹅宾馆、上海龙柏饭店、北京国际展览中心、深圳体育馆，等等。这些建筑作品都是在 1984 年、1986 年、1989 年建设部全国优秀设计评选中及 1989 年由中国艺术研究院发起的"中国八十年代优秀建筑艺术作品"评选中位列前十名的获奖作品。

我国的传统建筑文化发展形势，不仅在国内形成了古建热，还流传到国外，如美国纽约的中国园、德国慕尼黑的芳华园、英国利物浦的燕秀园、加拿大温哥华市中山公园的逸园、泰国曼谷的智乐园、新加坡公园中的避暑山庄金山寺、澳大利亚悉尼市的中国园，等等。随之还有扩展为大规模的中国城，如意大利的中国城，占地面积达 60 公顷，可供 30 万人居住，还有苏联列宁格勒的中国城，英国伦敦的中国城，是法国巴黎的中国城规模更大，包括四层城楼，建筑连廊、牌楼、苏州庭园式花园，全部具有浓郁的中国风情，建筑形式为复古建筑和仿古建筑，中国的传统建筑文化在异国他乡得以弘扬和传播，得到了外国友人的赞赏。

（三）努力学习古建筑专业知识

在古建筑复苏的形势下，我由于出色地完成了抢救性修缮东南角楼工程，得到了北京市文物局的信任，相继又承接了全国重点保护单位的修缮工程任务。于 1983 年 5 月，承接北京颐和园智慧海建筑大修及佛香阁油漆彩画修缮工程，1983 年 7 月，承接德胜门箭楼修缮工程，1984 年 7 月，承接恭王府碑亭、西楼翻建、爬山廊修缮工程。市级文物保护单位修缮工程有 1982 年 10 月，承接的大钟寺大钟楼的修缮工程，1984 年 4 月承接东城区府学胡同 63 号文天祥祠修缮工程。仿古建筑工程有 1984 年承接宣武公园丁香书院工程，1985 年承接日坛公园羲和雅居工程，1985 年承接龙潭湖公园双亭桥建筑工程，1989 年承接北京市第五十九中学（鲁迅中学）教学楼复建工程。

自 20 世纪 80 年代初，我便与古建结下了不解之缘。工作中常谈的也是古建专业知识，修缮工程的施工方案，单位的领导、同事赞扬我，说我是自学成才，古建专业一看就明白，一学就会。其实我心里明白，在这之前我对古建筑一点都不懂，尤其是角楼的构造，从来没见过，更别提接触了。虽然从小住在城里的老旧四合院里，经常看到房管局的来修房，尤其是房屋落架大修时，我们这些孩子总爱凑热闹，还想去捡点什么东西，对房屋的柁木檩件有些认识，再加上插队时在农村经常帮工为邻里乡亲盖房，有过体验，但涉及古建专业还是头一回。说我是自学，我也不否认。我没上过一天古建专业课，没受过正规训练，只是遇到了修缮角楼的任务，被迫边学边干，几个文物古建修缮工程下来，我就从瓦石作、木作、油漆彩画作的师傅们那里学到了古建知识和工艺技术，师傅们也不吝惜，看我好学，就热情耐心地传授给我，让我受益终身。

话又说回来，从匠人们那里学习古建专业知识也并非易事，要知道，这些老匠人是从旧社会过来的人，他们对自己的专业技能是绝对保守、不轻易传授的。

在我这支老头队里，我视请来的老匠人如宝，以长辈相称，尊重有佳。工作中我礼贤下士，放下领导的架子。我和他们共同坚守在施工现场，共同研究施工方案，进行技术交底，展开施工作业面，合理安排工序，严格执行传统工艺做法。一些古建专业的操作方法，当我不懂的时候，我会请教老匠人，让他们出主意："你们看怎么样做才能保证工程质量？"这时他们会滔滔不绝地向你献计献策，说出具体的、传统的操作工艺方法和要领，使工程顺利进行。而我会将他们所说的操作工艺方法、施工程序悄悄记在心里，晚上回家做追忆笔记，并用我能理解的简图去表示，以加深印象，这也算是"有心"吧。

不过，在实际工作中也并非都很顺利。当我在施工现场以工程技术负责人和工程质检员的身份检查工程质量、提出质量问题时，态度十分严肃，甚至用带有指责性的口吻问"这活儿是谁干的？"往往他们会反问"怎么了？哪儿有毛病？"我也采取反问的态度："怎么了？自己看！自己找毛病！有这么做的吗？"其实当时我心里也没有底，只是看着不对劲，肯定是错活或是毛病，只是专业术语说不出来。实际上，匠人们也是在揣摩你的心理，看你懂不懂，你要是不懂就糊弄你，这样分派给他的活能早早完成。反之，我做的细活费时费力，你会说我磨洋工，你要是懂细活的工作程序，知道我们的价值，我们就会拿出超高的技艺显示一番。往往经我这么一质问，匠人会自言自语："您说的是这呀？是有毛病，我马上返工。"这种现象在施工现场我纠正了几次，他们信服我了，从此也不再刁难我了。在他们眼里，我平时和蔼可亲，在工程质量、工艺技术方面要求又很严格。经过一番较量，如果我有事外出，不在现场监督施工，他们也能做到精心施工，按期竣工。就这样，经过几年的古建筑施工，我学到了各项专业知识技能，成了古建专业的"门内汉"。

（四）成立古建筑公司

自从1982年承接东南角楼修缮工程，并成立了老头队，之后，相继承接的古建工程应接不暇，随着队伍的不断壮大，机械设备的不断更新，逐渐走上了专业施工队伍这条路。为此，朝阳区政府也坚持要保留这支从事古建专业的施工队伍，于是，这支队伍从原有的建筑公司分离出来，成立了北京市朝联古建筑工程修缮总公司，也是北京市第一家从事古建筑施工的大集体企业。

新的企业诞生了，但接踵而来的还有一些麻烦事，单是为了取得从事古建筑专业施工的相应资质，就有一番周折。在计划经济年代，还没有为大集体企业颁发相应资质的审批部门。先到工商管理部门咨询，又到城乡建设管理部门说明情况，但他们都表示，对古建专业施工企业陌生，从来没办理过此类资质。有人建议到文物局去试一试，文物局也是一筹莫展，虽然很了解这支新兴的古建施工单位的施工能力，可文物局从来就没办理过古建施工资质。就这样一来二去，经反复向政府有关部门反映，终于有了转机，这得益于改革开放后打破常规、开创先例，特殊行业特殊办的政策。经政府相关部门研究决定授权于北京市文物局职能部门负责审批颁发古建筑施工资质证书。

北京市文物局有了审批资质的权力，但不能只为你一家单独批示。就这样又过了近一年时间，北京市又相继产生了三家从事古建筑施工的企业，

文物局职能部门就决定为这四家企业颁发相应的资质证书。经过一番周折，到此，北京市朝联古建筑工程修缮总公司成了北京市第一批、第一家专营古建筑施工的大集体企业。

公司成立后，最初的办公环境已不适应公司的需求，为了寻找新的地址、建更大规模的固定办公场所，又遇到了麻烦。就在为难之时，朝阳区政府的领导又为企业送上温暖，无偿提供场地兴建办公场所。那个年代我们学习大庆精神，"有条件要上，没条件创造条件也要上！"在一片杂草丛生的荒地上建起了当时流行的成排木板房。有了固定的办公地点，建立起了企业运行机制，配备了各职能部门，建立健全了管理制度、规章制度，使企业进一步规范化。

（五）培训古建筑专业施工人员

自 20 世纪 80 年代，中国的古建筑复苏。10 年间，全国各地对古建筑文物的保护、对历史建筑的复建兴起，形成了"古建热"。为了正确引导历史文化名城与现代城市的建设发展，搞好古建筑技术教育，提高古建筑专业人员理论水平和专业技能，防止在古建筑热中出现偏差。1991 年，北京建筑工程学院结合首都建筑事业的发展和生产建设的需要，率先开办了"古建保护与设计"专科培训班。考虑到北京是一座历史悠久的世界文化名城，有着丰富的文化遗产，古建筑遍布城郊各地，在北京从事规划设计和建设，必须考虑到保护古城风貌，注意建筑风格与环境的协调。对于建筑施工人员也要搞好培训教育，提高其古建筑保护意识。设立专科培训班的目的是培养、高级技术应用型人才。

同年，北京市文物局也有针对性地开办了首批文物建筑工长岗位证书培训班。时任北京市文物局局长王金鲁、古建筑工程质量监督站站长王效青、国家文物局文物处处长孟宪民、北京市建筑工程质量监督站第八分站顾问杜仙洲、马旭初、庞树义、傅连兴、何俊寿、孙永林、王仲杰，培训班任课老师马炳坚、赵崇茂、刘大可、朴学林、边精一、蒋广泉以及首届学员 130 余人参加了开学典礼。培训班是依据国家和北京市有关文化保护政策和法令，为进一步加强北京市文物古建筑施工队伍的建设，提高施工单位专业人员的技能和文物意识，保证文物建筑的修缮工程质量而举办的工长培训班。培训班设专题课 52 节，大木及装修课 124 节，瓦作课 76 节，油漆彩画课 96 节。所有课程经考试合格后颁发岗位证书。

中国古老的传统建筑施工中没有图纸，只要依据建筑群的占地面积、业主的建房意图、资金投入状况即可确定建筑布局、房屋等级、面宽、进深尺寸，各工种之间就能相互配合建造房屋。即使是皇家建筑，也不过是施工前先烫样，即按比例缩小制作模型。专业技术方面也是靠一师一徒的传承方式，这种古老的传统施工方式一直延续至今。

北京市朝联古建筑工程修缮总公司在古建筑施工上同样是沿用师傅带徒弟的传承方法，专业技术都掌握在老匠师的手里，这对年轻人学习古建专业技能、掌握理论知识是个阻力。这次北京市文物局首次举办文物建筑工长培训班，本公司积极响应，选派多年从事古建筑专业施工的年轻骨干人员参加培训，进一步提高其古建筑施工技能和理论知识。

（六）北京四合院的沧桑

北京四合院自成一统，原本是一门一户、一个家庭或是一个家族、一个姓氏居住，享受着一天一地带来的天伦之乐。

自从辛亥革命推翻清王朝之后，消除了满汉分住的现象，对京城重新划分使用范围。政府明确规定：除紫禁城外，皇城内的区域西安门、东安门、地安门一带为政府官员居住区，东、西交民巷为政府各衙署的行政办公区，后来划为使馆区。前门外为商业区，各省府县的会馆则集中在宣武门、崇文门以外，大众化的平民商业、娱乐区则在天桥一带，左安门内龙潭湖和右安门内陶然亭则是文人墨客的清幽聚会之地。

当时的一些名人志士、商贾巨匠纷纷在京城购地置宅、兴建家业。一些清朝的八旗子弟因为没有了俸禄，失去了生活来源，为了维持生计，先是变卖古董字画，没钱就卖，结果是越卖越穷，越穷越卖，直到没东西可卖，最后出租房屋吃瓦片，或变卖祖先产业。平民百姓大量涌入城内，租用失去

了俸禄的旗人的宅院房屋，致使完整的四合院由一个家庭演变到三五家，甚至十几家。

1949年后，北京市人口剧增，在原有院落十几户人家居住的基础上又增加到了几十家，逐渐形成了大杂院。居住在大杂院的居民由于缺乏必要的设施，生活环境恶劣。为了解决城市居民住房困难的问题，自1951年开始，在京城郊外兴建大规模的坐北朝南、向阳采光的兵营式排子房，如广渠门外的和平一村、二村、三村，朝阳门外的幸福一村、二村、三村排子房。

还有一部分平民百姓住进了单元式的楼房，这是因为20世纪50年代北京兴建"十大建筑"需拆迁占地，这部分居民迁至崇文区的幸福大街、夕照寺大街新建的多层楼房。1958年，农村成立了人民公社，受其影响，城内的居民也要分片成立人民公社，推行住宅楼内居民公社化，要求各区兴建公社化大楼，如西城区的福绥境人民公社、东城区的北新桥人民公社、宣武区的白纸坊人民公社、崇文区的安化楼人民公社。人民公社式的大楼内设有公共厨房、公共食堂、公共盥洗室、公共水房，以体现公社化集体观念和公社化精神，这也使一部分居民住上了楼房。

中华人民共和国成立后，成立了房屋管理局，对京城现有的老旧房屋进行维修管理，其性质是事业单位、企业管理，原则上是以租养房，每年对老旧房屋进行普查，保证居住安全，解决危、积、漏问题，即依据房屋普查结果，确定危房柁木檩件的损坏程度，制定挑顶中修或是落架大修的施工方案；对房屋漏雨采取查补雨漏或揭瓦换瓦的维修措施。到了秋季入冬前则是做好冬季防寒保暖工作，对老旧房屋的门窗护壁进行维修，更换破损变形的门窗，进行油漆粉刷及室内糊棚吊顶等项工作。

居住在大杂院里的居民缺乏必要的生活设施，各家各户在自己家房前廊下或屋檐下搭建一个能遮风避雨、三面围的木挡板支锅造饭。随着时间的推移，再向外扩张建起了小厨房。

20世纪60年代，房屋基建工程停止建设，而居住在大杂院内的孩童已成长为大男大女，到了婚配的年龄，在没有房屋来源的情况下，只能自筹建筑材料、在院内属于自己的房前范围内的地界盖起简陋的婚房。1976年大地震后，人们在地震棚的基础上翻建相应的正式房屋。至此，一个好端端的四合院变得面目皆非，失去了四合院原有的天地空间，最后形成了一条条小夹道。

"文化大革命"期间四合院又遭到严重破坏，房屋建筑的装饰物，如屋脊的吻兽、垂兽、盘头戗檐的砖雕、廊前的木雕统统砸毁。在阶级斗争的年代，房产主的房子被没收，只留屈身之屋，其余房屋分配给"红五类"居住，使原本的大杂院更加杂乱了。"文革"结束后，拨乱反正，落实政策，将"文革"期间没收的私房退还给房产主，这就是历史遗留下来的"文革产"。

"文革产"，对房产主来说是件头痛的事，房产归还自己，但房客还按住公房的理由继续住着，房产主还不能驱赶住户。不仅如此，还要负责房屋维修。

随着改革开放的深入，北京市规划局连续召开由各方面学者参加的座谈会，研究讨论旧城改造和古建筑保护问题，政府也对城市建设采取危房改造措施。就在这一形势下，"文革产"的业主将烦恼的破旧四合院卖给了房屋开发商，其中的租户也由开发商妥善安置，房产主也得到一笔丰厚的卖房款。

危房改造期间，北京的变化超乎人们的想象，市内随处可见磨盘大的带圆圈的"拆"字。短短的几个月时间，一片片的胡同消失了，很多精美的大宅院被拆除了；两广路拓宽马路，珠市口东大街在清代就繁华热闹的地段没有了，崇文门外的花市没有了，花市的历史也没有了，四合院内的居民外迁了，四合院文化也就没有了。

为了控制局面，挽救濒临消失的四合院，政府采取了相应的措施，保留下来一大批北京四合院。

在这期间，北京市朝联古建筑工程修缮总公司承接了大量的四合院翻建工程。其中有：东城区东四南大街史家胡同 27 号院，广宁伯街 2 号院，景山东街甲 1 号院与 89 号院，琉璃寺 22 号院，西城区崇善里 3 号院与 5 号院，后广平 37 号院，西四北六条 33 号院，等等。

这些老北京上百年的房子，也并非想象的那么完美，尤其是平民百姓居住的大杂院内的房子，有的甚至是破烂不堪，每年都要修修补补，再加上院内私搭乱建的简易房屋，相互勾连搭接，维修起来更是困难重重。

老北京的房子都是碎砖头墙，相对应地，也就是老北京的瓦匠才能砌碎砖头墙。碎砖头通常称为核桃块，利用碎砖头也算是一种节约精神。砌筑一面山墙或后檐墙时，墙的四周要用整砖砌筑，其心内便用碎砖砌筑，这就是北京常见的"五出五进棋盘心"做法。由于墙体砌筑使用的是黄土加白灰调制的掺灰泥，时间久了，墙体灰层粉化空鼓、歪晃鼓肚，维修时就要采取拆除墙体重新砌筑的方法。墙体用砖也逐渐地用蓝机砖或红机砖代替了传统的亭泥砖。

屋面瓦件破碎，造成屋面漏雨，若没瓦可换，就采取抹灰方法，筒瓦则采取裹垄方法解决漏雨现象。

房屋木构件，如檩断，则采取附檩方法维持房屋构架；柱根糟朽，则采取墩接方法或"偷梁换柱"方法更换柱子；如屋面椽望糟朽，瓦面损毁严重，则采取挑梁大修方法；如屋面整体损坏严重，则采取落架大修方法。

居住在缺少生活设施的大杂院中的居民苦不堪言。随着改革开放的深入，房地产开发商购买了老旧的四合院宅基地，大杂院的居民也得到了妥善的安置，不仅住上了具备三气功能的楼房，还能得到一笔丰厚的搬迁款。

早期四合院建筑的翻建，基础以下不动，基础以上原拆原建，按照两进院、三进院的格局恢复原状，只能拆除院内私搭乱建的房屋，还原四合院的本来面貌。施工时，按房屋原制式，确定面宽、进深、柱高、柱径、步架、举架，重新制作大木构件；房屋台明更换部分破损严重的阶条石、垂带踏跺石及角柱石；屋面更换新瓦，重新配置大脊吻兽、垂脊垂兽及狮马兽；墙体用砖选用传统大亭泥、小亭泥砖，并按传统砖加工方法，砍砖磨砖；砌筑时采用传统做法丝缝、干摆、三顺一丁灌浆做法；恢复屋宇式广亮大门、垂花门及二进院的抄手游廊，并施绘苏式彩画。除此之外，还增加了室内卫生设备、给排水系统、采暖设施、用电设施，以满足现代生活的需求。

中期四合院建筑的翻建，出现了混凝土构架代替传统木构架的现象。房屋基础彻底拆除，按现代施工方法处理地基，在地梁或承台梁以外包砌台明，安装阶条石、埋头石及垂带踏跺石；屋檐安装木椽，安装假檩枋；墙体外皮儿使用传统亭泥砖，里皮儿使用现代红机砖；屋面增加防水层，采取防滑措施后按传统做法调脊瓦瓦；在混凝土圆柱上施一麻五灰地仗，并在檩垫枋上油漆彩画。传统的四合院逐渐演变成仿古建四合院，根据现代人们生活的需要增加了功能性的设施，依建设方面的要求，选址增加锅炉房，室内沿墙做管沟，铺设采暖管道、给排水管道，增设淋浴间、卫生间。针对建设方提出的功能性要求，施工方密切配合，建议锅炉房选址在四合院西南角为宜，计算各房间的热负荷，配备相应的散热器。

到了后期，随着社会经济的发展、私家车的出现，建设方提出增加车库的要求，这在传统四合院中还是破天荒头一遭。

北京四合院多建在东西向的胡同内，院落座北朝南或坐南朝北。四合院的大门都是在巽位，如坐北朝南的四合院，大门要开设在东南角；坐南朝北的四合院，大门要开设在西北角。车库的选择要在坤位，即坐北朝南的四合院，车库选位在西南角；坐南朝北的四合院，车库选位在东南角，汽车不能进院，要在选位的房间后檐墙开设车库门，安装铝合金自动卷帘门，断开阶条石，安装礓磜石，便于车辆出入。

还有一个巨大的变化，就是开发地下，增加使用面积。传统的建筑基础是由两部分组成的埋于地下的部分叫埋身，地面以上的部分叫露明。传统的做法是，先基础码磉，砌磉墩安装柱顶石，再卡拦土，最后回填厢土。自出现钢筋混凝土框架结构的仿古建四合院，其建筑基础的承台梁、地梁代替了传统基础做法，没必要再回填厢土，完全可开发利用地下面积，地面以上还保留着传统四合院的面貌。这样开发四合院地下面积的做法一时间像发现秘密一样在京城流传开来。甚至一些老旧房屋也纷纷效仿，通过开发地下增加使用面积。

（七）混凝土仿古建四合院建筑屋面做法

仿古建的坡屋面做法与传统建筑有很大的区别，可不再做护板灰、泥背、青灰背，只需做两遍水泥砂浆。如需做现代防水层，可在防水层上再抹一层水泥砂浆防护层，为了防滑，可选择带石英颗粒的防水材料，或在防水层表面粘上粗砂、小石砾。不易粘沙砾的要设置防滑条。瓦瓦前还应采取必要的瓦面防滑措施，可在找平层、砂浆层处理成类似礓磜的形式或抹出防滑灰梗。也可在找平层和瓦瓦砂浆之间设置金属网，并与预埋的钢筋焊接在一起。还可在找平层和瓦瓦砂浆之间横向放几道钢筋，与预埋的钢筋焊接在一起，如不做预埋钢筋，这些横向钢筋需与之成网状的竖向钢筋焊接固定，竖向钢筋应前后坡贯通、互相牵制，保证瓦面不发生滑坡，横向钢筋可在檐头、中腰和上腰部位各放一根，竖向钢筋的间距可为 1 米～1.5 米，瓦瓦时可将部分筒瓦用铜丝拴在横向钢筋上。

仿古建筑屋面瓦瓦，其做法与传统施工方法相似，也是用砂浆固定，但一般改用混合砂浆瓦瓦，用水泥砂浆捉节夹垄。也可继续使用传统掺泥灰或麻刀灰瓦瓦，尤其是掺泥灰可生成硅酸钙，凝固后强度等级可达 45 号以上，完全可以满足使用要求。捉节夹垄用灰可改用 1∶3 的水泥砂浆。冬季施工可改用砂浆瓦瓦，以混合砂浆为好。砂浆强度以不低于 25 号为宜，在不影响砂浆强度的前提下，应尽量少掺水泥，多使用白灰膏。无论使用灰泥还是砂浆，都应保证灰浆饱满度不低于 95%，以保证屋面不漏雨。

（八）仿古四合院带来的思考

古建，是中国古代建筑的简称。中国古建筑经历了唐、宋、元、明、清各个时代，到了清朝发展到顶峰，之后不再发展了，也就是说到了终结期。这以后，全世界的建筑均进入现代建筑阶段。

按照习惯，我们通常称传统的砖木结构的建筑为古建筑。随着时代的发展，相继出现了混凝土框架结构的古建筑，称为仿古建筑。仿古建筑再过几百年之后，后人称之为什么呢？也会叫它古建筑，故"古建"一词越来越不准确了，还是称为"不同时期的民族建筑"为宜。

在当今弘扬中国古建筑艺术的背景下，混凝土框架结构的仿古建筑也是必然的产物，但一定要按照传统建筑结构的制式、尺寸权衡去建设，以保证中国古建筑的艺术风格及其生命力。

从当前的现象来看，一些现代建筑的设计师，随着现代社会的发展需要而转型，他们模仿能力很强，能够按照不同的古建筑型式配备钢筋混凝土框架，以代替传统的木架构。但是，也出现了不尽如人意的结构设计。在设计仿古建筑屋面时，不按檐步、金步、脊步的举架规律去设计，出现檐步举架不足五举、脊步举架超过十举的现象，这就造成了檐步瓦面出现"倒喝水"现象，造成脊步瓦面坡度过大、易溜坡。又如歇山建筑，因不掌握踩步金构件的位置，设计出的歇山屋面只有其形，没有其神，这些仿古建筑会给人留下错误的概念，也扭曲了中国民族建筑艺术。

在仿古建四合院规划上，房地产开发商受西方园林艺术的影响，也为将来的四合院出售顺利，要求在四合院二进院的天井处修建喷水池，池内安装观赏石并安装流水装置，四周安装喷头，喷射两米高的水柱，池中养鱼，再安装射灯增加夜景效果。

房地产开发商这一要求不符合中国民间建筑的规划理念。中国的建筑园林通常是建在宅院的后方，称为后花园，或者建在跨院。占地面积不足，可建在院落的东北角，不得建在四合院的天井处，这也是民间的忌讳，尤其是夜间喷泉水柱在灯光照射下极像白蜡烛，是一种不吉利的象征，院中建水池属于凶宅。经过一番解释，开发商打消了建水池的念头，同时保留了四合院的完整面貌。

北京四合院是遗产建筑，是城市的重要组成部分，前期为现代城市发展让路而大量拆除，以致后期到处都是假古董。

早在20世纪末，一些专家学者如罗哲文、郑孝燮、刘西拉、舒乙等联名呼吁"在平安大街的建设中，政府已投入巨资将大街两侧的景观恢复到明清风格。既然如此，又何必毁掉真正的老北京四合院呢？"并再一次慎重指出，北京四合院有着极高的文化价值，拆掉它，北京将在文化上承受难以估量的损失，就连《人民日报》《中国青年报》也以"拯救北京四合院"为题，呼吁保护北京四合院。一个城市规划要做到谨慎更新，切勿盲目拆建。

关于城市的文物建筑保护规划，各国有不同的保护意识和保护方法，原则上可借鉴国外的保护方法，再结合本国国情，以保护法为基础，确定本国的保护方案。同时要区别文物建筑和建筑遗产，北京四合院虽不属于文物建筑，但属于建筑遗产，同样应明确保护原则及保护措施。

古建专家名单

郑孝燮	单士元	王世仁	张　博	孙永林
罗哲文	戴念慈	赵冬日	张阿祥	蔡泽俊
林其浩	刘开济	王其亭	何俊寿	胥蜀辉
程万里	姜振鹏	王其明	孙大章	杜仙洲
周冶良	曾永年	减尔忠	付连兴	韩惠生
萧　默	王贵祥	马旭初	周砚田	梁炳亮
董宝山	翟修文	马瑞田	马炳坚	刘大可